Les Utilisations possibles

DE LA

VENDANGE

en dehors de la

PRODUCTION PROPREMENT DITE DE VIN

PAR

Jules VENTRE

DOCTEUR ÈS SCIENCES
PROFESSEUR D'ŒNOLOGIE A L'ÉCOLE NATIONALE D'AGRICULTURE
DE MONTPELLIER

MONTPELLIER

COULET ET FILS, ÉDITEURS
LIBRAIRES DE L'ÉCOLE NATIONALE D'AGRICULTURE
5, Grand'Rue, 5

1921

LES

UTILISATIONS POSSIBLES DE LA VENDANGE

EN DEHORS DE LA

PRODUCTION PROPREMENT DITE DE VIN

Les conditions économiques actuelles qui se traduisent par des fluctuations sur les cours, mais dans le sens de la baisse, fluctuations que l'on peut considérer comme désastreuses pour tous les produits de la terre et auxquelles n'échappe pas la viticulture, ont fait réapparaître, pour le salut de cette dernière, les remèdes qu'au cours des crises précédentes on avait envisagés comme des panacées universelles.

Les uns se tournent vers l'État-Dieu et lui demandent de venir en aide à la viticulture ; d'autres cherchent des solutions dans l'inclémence des conditions climatériques qui, détruisant une partie de la récolte à venir, permettrait, d'abord, de tirer un meilleur parti des vins encore en cave ; ensuite, de s'assurer pour la campagne prochaine de prix rémunérateurs ; enfin, d'autres encore reviennent à l'idée d'un contingentement qui, enlevant au marché une partie de la récolte, donnerait automatiquement à ce qui reste une plus value importante.

Des pouvoirs publics, que peut-on attendre ? L'expérience du passé montre qu'il ne faut pas se bercer de trop grandes illusions sur les remèdes qu'ils peuvent apporter dans les circonstances présentes. Ils sont, en effet, et plus que jamais désarmés, en présence d'une situation économique dont l'ensemble des résultats financiers apparaît comme précaire. D'une manière générale et quel que soit le producteur auquel on s'adresse, industriel ou agriculteur, se sont toujours les mêmes doléances que l'on entend et qui se résument ainsi : les prix de revient dépassant et de beaucoup les prix de vente, on sera fatalement acculé, tôt ou tard, à la faillite.

Par ailleurs, le simple bon sens montre que, si l'Etat donnait une aide, mais une aide vraiment efficace à tous ceux qui, avec des raisons excellentes, la réclament, ce serait peut-être le salut pour certains producteurs, mais peut-être bien la famine pour ceux qui consomment, à moins que sous la poussée des événements, cette aide se traduise, à nouveau, par une augmentation générale de la cherté de vie appelant des augmentations de salaires et aboutissant finalement à des résultats tellement mauvais, que ceux-ci montreraient d'eux-même l'inanité et même le danger d'une pareille aide.

Quant à l'espèce de malthusianisme naturel que certains attendent des causes climatériqnes, ou artificiel proposé par d'autres, il ne résiste pas au raisonnement.

Que peuvent, en effet, une gelée, une grêle, une attaque de mildiou ou les multiplications des insectes ampélophages sur l'assainissement ou la consolidation d'un marché ? Pas grand chose, car, d'une manière générale, l'action de ces accidents ou de ces maladies ne se fait pas sentir avec la même intensité sur l'ensemble du vignoble. Seuls, ceux qui sont directement touchés en supportent tout le poids et, si cette action se traduit pour les uns par un gain, pour les autres, c'est la ruine.

Reste le contingentement ! L'application en est difficile, car elle lèserait les intérêts de ceux qui produisent d'excellents vins et qui sont toujours assurés d'une vente facile au profit de ceux dont les produits sont tout au plus dignes de la chaudière.

En outre, il ne faut pas se dissimuler que ces remèdes ne sont que temporaires et que la crise dans laquelle nous entrons deviendra encore plus grave et angoissante quand, dans quelques années, on se trouvera en présence d'une surproduction naturelle qui, malgré la bonne volonté de tous et en mettant en œuvre tous les remèdes risquera d'avilir, et pour longtemps, les cours des vins. La prospérité de la vigne pendant les dix dernières années sera peut-être cause de sa ruine. On a beaucoup planté et telle région qui, en 1914, se livrait à de multiples cultures a transformé son économie et planté de la vigne, non dans les terrains pouvant assurer de la qualité, mais dans ceux susceptibles d'assurer la quantité.

Ce n'est donc pas, à mon avis, dans les conditions extérieures à la viticulture qu'il faut chercher un remède, mais en elle-même. La vigne traverse une crise qui n'est qu'à ses débuts, mais je suis convaincu qu'elle en sortira, si on veut bien recourir à des moyens différents de ceux actuellement préconisés, et si on veut chercher hors de la production du vin proprement dit l'écoulement des produits, en excès, de la vigne.

Des crises semblables, avec un état d'esprit comparable à celui que l'on rencontre aujourd'hui, ont été résolues par les mêmes moyens que j'étudierai plus loin. On en trouve la preuve dans un écrit du grand Parmentier. daté de 1812, et dans lequel il est dit textuellement : « Avant cette innova- » tion (préparation de produits autres que le vin avec le raisin), le proprié- » taire et le colon étaient en quelque sorte réduits à n'implorer la bénédic- » tion du ciel que pour leur propre champ et à souhaiter la stérilité et la » grêle à ceux de leurs voisins, parce qu'une abondance générale dans le » canton les forçait à laisser périr sur le cep une partie de la récolte, les » frais de vendange, de vases, et les intérêts d'une longue attente réunis » aux dangers d'une conservation incertaine, eussent absorbé et au delà les » bénéfices ou les dédommagements qu'ils devaient raisonnablement espé- » rer de tant de soins et de sacrifices ».

Rien de nouveau sous le soleil, comme on le voit. Un économiste de l'époque présente n'hésiterait pas, en effet, à décrire la situation sous le même jour que le faisait Parmentier. N'entend-on pas souhaiter des gelées, du mildiou, des insectes, pour remédier à ce que la situation a de fâcheux ? Il semble cependant qu'il y ait mieux à faire qu'à implorer les éléments ou le Gouvernement, les viticulteurs se chargeront eux-mêmes de trouver aux vins ou autres produits du raisin les débouchés nouveaux où ils remplaceraient avantageusement les produits que nous demandons aujourd'hui à l'importation. On réaliserait ainsi, le double but d'enrichir le pays, en même temps que l'on s'assurerait définitivement contre le retour des crises aussi graves.

Il y a donc lieu d'envisager, dès maintenant, les moyens les plus efficaces à employer pour remédier au plus tôt aux inconvénients de la crise actuelle, et plus encore de la crise de surproduction à venir.

La fabrication des vins ordinaires a donné tout ce que l'on pouvait en attendre, et il est évident que ce n'est pas du côté d'une vinification, même parfaite, que l'on trouvera une solution. Il faut s'ingénier à trouver autre chose de durable et assurant un écoulement régulier aux produits de la vigne.

Il y a quelques années, et en pleine crise, on avait proposé de considérer le raisin uniquement comme une matière première susceptible d'être travaillée dans des usines spéciales d'où on aurait sorti des produits de consommation courante, les vins rouges, blancs ou rosés, et d'autres produits plus ou moins fantaisistes établis au goût des consommateurs.

On aurait alors eu des vineries, comme il existe des brasseries, où on aurait mis en œuvre, au fur et à mesure des besoins, la matière première, précieusement conservée et mise en réserve.

Malgré toute la confiance que j'éprouve en faveur des procédés indiqués pour assurer une conservation et une transformation parfaites du raisin, je ne pense pas que l'on puisse envisager, tout au moins pendant de nombreuses années, comme réalisable pratiquement, et en grand, l'installation de vineries suffisantes pour absorber la production en raisin de régions aussi vinicoles que le Languedoc, par exemple.

Donc, le dénouement de la crise ne pourra se trouver qu'entre les mains des producteurs eux-mêmes.

Ce qu'il importe de faire ressortir tout d'abord, c'est que le moment est particulièrement bien choisi pour transformer du tout au tout les méthodes d'utilisation des produits de la vigne, de façon à faire disparaître, du marché des vins ordinaires, un excès de production.

La suppression de l'absinthe, l'interdiction de vendre des apéritifs à haut titre alcoolique ouvrent un champ immense à l'activité des vignerons. L'habitude prise de la consommation de liquides prétendus apéritifs, fait que le nombre de boissons offertes comme succédanés aux apéritifs disparus est considérable et que toutes sont à base de vins et de produits des raisins, tels que mistelles, vins mi-fermentés, vins cuits et moût concentré.

La « sécheresse » de l'Amérique du Nord laisse aux viticulteurs du monde entier la perspective immense d'un champ d'action considérable, et permet d'entrevoir pour l'avenir une consommation très grande de soi-disant « Vins sans alcool » qui ne sont autres que des moûts stérilisés par la chaleur. Il importera surtout d'arriver bon premier sur le marché américain.

Enfin si les nombreuses démarches faites en vue d'une discrimination entre l'alcool d'industrie et l'alcool de fruit, donnent un résultat positif, on trouvera là encore le moyen d'écouler une partie de la production des vins, surtout si des mesures législatives édictées parallèlement, autorisent le vinage à la cuve. Dans ces conditions, on pourrait espérer débarrasser le marché, tout d'abord des vins défectueux, dont l'alcool serait utilisé en vinification, ensuite d'une certaine quantité de vins excellents, qui, livrés à la chaudière, seraient susceptibles de donner des alcools et surtout des eaux-de-vie de qualité qui pourraient rivaliser avec les marques actuellement en honneur et feraient ainsi renaître la vieille réputation des alcools et des eaux-de-vie du Languedoc.

On voit donc, qu'*à priori*, les débouchés ne manquent pas pour écouler des récoltes encore plus considérables que celles que l'on peut prévoir dans l'avenir, mais il faut créer une organisation définitive qui, une fois établie, puisse continuer à fonctionner régulièrement, afin de conserver une clientèle, que des produits supérieurement élaborés auront créée et qui demeurera fidèle parce qu'elle trouvera difficilement ailleurs la qualité des produits français.

C'est à la technique de la préparation de ces divers produits du raisin que je compte consacrer cette étude. Par ordre chronologique, j'envisagerai donc successivent :

1 La prépartion des moûts stérilisés, *a*) par l'acide sulfureux ; *b*) par la chaleur : vins sans alcool ;
2 La fabrication des mistelles et des vins de liqueur ;
3 La préparation des moûts concentrés ;
4 La préparation des vins mi-fermentés ;
5 La préparation des vins cuits ;
6 La fabrication des vins doux naturels ;
7 L'utilisation de l'alcool de vin.

I. Préparation des moûts stérilisés

Les moûts peuvent être conservés stériles soit en les additionnant d'un antiferment, soit en les soumettant à l'action de la chaleur et en les conservant à l'abri de toute contamination ultérieure. Enfin par addition d'alcool.

A. — **Stérilisation par les antiseptiques.** — Le nombre d'antiferments qui pourraient être employés à la stérilisation des moûts est relativement grand, mais outre que l'hygiène s'oppose à l'utilisation de tous, il est encore bon que l'action de l'antiseptique ne soit que temporaire et doit viser surtout le ferment sans rendre le milieu stérile.

C'est ainsi que, dans une certaine mesure, on pourrait faire appel à de l'acide salicylique à faibles doses, mais alors le milieu resterait complètement stérile et il ne serait plus permis de le remettre en fermentation.

Entre tous les antiseptiques, il en existe un qui est connu depuis fort longtemps et qui, à certaines doses, est capable d'empêcher les ferments de se développer. Mais comme il est volatil, il est possible, le moment venu, de ramener la dose mortelle à une dose normale, quelquefois même activante, ce qui rend possible la transformation des moûts temporairement mutés, en vin. *C'est l'acide sulfureux.*

C'est sur l'emploi de cet antiseptique, à des doses stérilisantes qu'est basé le principe de la vinerie, et son action fait comprendre comment, à volonté, on pourrait faire, dans le courant de l'année et au fur et à mesure des demandes, des vins rouges, rosés ou blancs.

Je rappellerai, en quelques mots, l'action de l'acide sulfureux sur la vitalité des germes. Tout d'abord, tout le monde sait que les ferments sont plus sensibles à cet antiferment quand ils se trouvent dans de l'eau que lorsqu'ils y sont exposés dans du moût de raisin. Cela tient à ce que, en présence de l'eau, l'acide sulfureux possède le maximum de son pouvoir, tandis que dans le moût, il est atténué par la présence de sucre.

On sait, en effet, depuis 1897, que l'acide sulfureux possède la propriété de se combiner en proportion plus ou moins grande avec les sucres qui se trouvent dans le moût, c'est-à-dire avec le glucose et le levulose pour donner un sulfite-glucose et un sulfite levulose relativement stables et en tous cas sans action sur la vitalité des germes (1).

Cela explique pourquoi, alors que quelques dizaines de milligrammes d'acide sulfureux sont suffisantes pour tuer les ferments alcooliques dans l'eau, il en faut des doses très grandes quand on veut muter un moût. Et les moûts mûtés qui contiennent 1 gramme à 1 gr. 500 par litre d'acide sulfureux ne sont pas rares.

Sans croire qu'il faille faire appel à des doses aussi considérables d'antiseptique pour rendre un moût impropre à la vie des germes, je ne crois pas non plus qu'il suffise de conserver dans un moût uniquement la dose d'acide sultureux libre qui serait mortelle dans l'eau pour empêcher le développement des levures.

L'expérience montre notamment que des saccharomycès ellipsoïdeus soumis à l'action de 75 à 80 mgrs. d'acide sulfureux libre dans l'eau sont tuées et ne sont plus capables par conséquent de se développer quand on les ensemence dans un milieu non sulfité. Il semble donc qu'il suffirait de maintenir dans un moût une quantité d'acide sulfureux libre égale à 75-80 mgrs. pour être assuré d'une stérilisation complète du milieu.

Or, pratiquement, il est démontré que ces doses seraient manifestement insuffiantes et que le moût fermenterait. A quoi tiennent ces différences ? Elles tennent à ce que les conditions de vie du protoplasma des cellules sont infiniment plus difficiles quand celles-ci se trouvent dans l'eau que lorsqu'elles sont dans du moût. Dans le premier cas, il y a action directe de l'acide sulfureux par suite d'une espèce de dénutrition, dans le second cas, l'acide sulfureux rencontre à l'intérieur de la cellule, du sucre, avec lequel il tend d'abord à former une combinaison, et ce n'est qu'au moment où la dose deviendra suffisante pour tuer le protoplasma que la levure y sera sensible. C'est ce qui explique pourquoi on observe des fermentations spontanées dans des moûts qui renferment encore des doses d'acide sulfureux libre égales ou quelquefois supérieures à 100 milligrammes par litre.

Reste à savoir maintenant si les doses d'acide sulfureux libre que l'on rencontre dans certains moûts mutés commerciaux, et qui atteignent 12 à 1.300 mgrs par litre, sont absolument nécessaires pour permettre de réaliser une stérilisation définitive.

Des expériences poursuivies depuis plus de dix ans, tant au laboratoire qu'en grande pratique, m'ont démontré que ces doses étaient généralement excessives et que l'on pouvait obtenir une stérilisation sinon définitive, mais tout au moins pratiquement indéfinie, en recourant à des doses moindres d'antiseptiques.

Il y a lieu de tenir compte, tout d'abord, du moment où l'acide sulfureux est ajouté au moût. En effet, les études faites sur les actions diverses de cet antiseptique ont montré que son pouvoir fermenticide était infiniment plus grand quand il agissait sur des ferments incomplètement développés ou sporulés, que lorsque ceux-ci étaient actifs (2). Il découle naturellement de

---

(1) X. Rocques. — *Annales de Chimie analytique*, 1897.

(2) Dupont et Ventre. — L'acide sulfureux en vinification. *Progrès Agricole*, 1906.

cette observation que les doses nécessaires pour assurer une stérilisation seront moins fortes au début des vendanges, alors que les germes sont encore sporulés, qu'à la fin où, au contraire, ils seront actifs.

Il est cependant incontestable que le mutage temporaire d'un moût, pour en permettre le débourbage, ne demande qu'une dose relativement peu importante d'acide sulfureux, que de multiples expériences m'ont montré varier entre 20 et 30 grammes par hectolitre, soit 2 à 300 mgrs par litre. Par conséquent, l'opération du mutage peut être effectuée en deux temps, l'une qui consistera en un débouchage, l'autre qui constituera l'opération proprement dite de stérilisation.

Bien que cette double manœuvre paraisse constituer une impossibilité au moment des vendanges, elle assurera, au contraire, un meilleur travail et la production de moûts stérilisés de qualité parfaite et relativement peu chargés en acide sulfureux total, toujours difficile à détruire ou à éliminer.

Ce qu'il faut considérer, en fin de compte, c'est la quantité d'antiseptique nécessaire et suffisante pour assurer la stérilisation. D'une manière générale, le laboratoire et la pratique montrent qu'un moût débarrassé de toutes ses impuretés reste absolument stérile, si la dose d'acide sulfureux libre qu'il renferme en solution est supérieure à 150 mgrs.

A combien d'acide sulfureux total, cette quantité de 150 mgrs correspond ? C'est assez difficile à indiquer pour tous les cas, puisque, ainsi que je l'ai rappelé précédemment, la richesse en sucre du moût joue un rôle très important. Mais on peut dire, avec certitude, qu'un moût admettra une dose d'autant plus grande d'acide sulfureux total qu'il sera plus sucré. La dose d'acide sulfureux à ajouter sera donc d'autant plus grande que le moût contiendra plus de sucre. Or, comme les moûts généralement mutés sont choisis parmi les plus riches en sucre, la dose stérilisante sera fatalement plus élevée que si on avait affaire à des moûts ordinaires.

A titre de renseignements, voici quelques chiffres tirés d'expériences poursuivies en grande pratique et montrant les relations qui existent entre l'acide sulfureux total et l'acide sulfureux libre, en tenant compte du temps écoulé entre l'addition de l'antiseptique et le dosage.

Les moûts sur lesquels l'opération a porté avaient une densité égale à 1105 correspondant à une richesse en sucre égale à 230 grammes de sucre par litre, soit 13°5 B. La température au moment de l'addition d'acide sulfureux était de 30° c. et s'est maintenue à ce degré pendant toute la durée de l'expérience.

TABLEAU I

SUCRE PAR LITRE	ACIDE sulfureux initial par litre	ACIDE SULFUREUX LIBRE APRÈS						
		24 h.	48 h.	72 h.	96 h.	8 jours	30 j.	45 j.
230 gr.	0 gr. 500	0.220	0.208	0.200	0.192	0.179	0.146	0.127
	0 gr. 750	0.280	0.256	0.256	0.230	0.225	0.205	0.167
	1 gr. 000	0.480	0.430	0.375	0.360	0.320	0.302	0.260

Il semble bien que la dose de 0 gr. 750 soit suffisante pour assurer une stérilisation pratiquement indéfinie. En effet, l'expérience démontre que des moûts ayant reçu cette dose et maintenus en récipients incomplètement pleins renferment actuellement, c'est-à-dire environ 9 mois après leur préparation, 127 milligrammes d'acide sulfureux libre, c'est-à-dire actif.

La préparation pratique consistera donc en un débourbage et une stérilisation.

A. Débourbage. — Les raisins foulés seront égouttés et soumis ensuite à un pressurage énergique. De façon à éviter tout départ spontané de fermentation, la vendange sera traitée au cours des différentes manipulations par des solutions d'acide sulfureux. Le moût obtenu sera immédiatement soumis à l'action de doses d'acide sulfureux variant entre 25 et 30 grammes par hectolitre et envoyé dans des récipients où aura lieu le débourbage. D'une manière générale, la précipitation des matières en suspension ne demande guère plus de 24 heures et au bout de ce temps, on a un liquide à peu près limpide qu'il faudra rendre muet. Au bout de 24 heures, les quantités d'acide sulfureux libre sont encore relativement élevées et peu inférieures à 100 milligrammes par litre.

B. *Mutage.* — Le moût débarrassé de ses grosses impuretés est soutiré. Au cours de cette opération, il perd en presque totalité l'acide sulfureux libre qu'il renferme, soit par oxydation et transformation en sulfates, soit par évaporation. Il faudra, dans ces conditions, tenir comme inexistantes les quantités qu'il en peut encore contenir.

Quand on a transvasé le moût clair, ou mieux, pendant le soutirage, on incorpore les doses d'acide sulfureux total suffisantes et nécessaires pour assurer la stérilisation.

Dans les conditions de mes expériences, c'est-à-dire pour des moûts contenant de 22 à 24 o/o de sucre et pour une température de 30°-32°, les doses stérilisantes ont été comprises entre 60 et 70 grammes par hectolitre.

Somme toute, on peut arriver à l'obtention d'un moût mûté d'excellente conservation par l'emploi, en deux fois, de doses d'acide sulfureux inférieures à 100 grammes par hectolitre.

Nous sommes donc loin des quantités généralement employées en Algérie notamment, où j'ai souvent rencontré, plusieurs mois après les vendanges, des quantités d'acide sulfureux total atteignant 3 grammes par litre dont 60 o/o environ étaient constitués par de l'antiseptique à l'état libre.

La préparation des mûtés « au soufre » par ce procédé permettrait d'obtenir des produits de conservation assurée et procurerait aux acheteurs de plus en plus nombreux, des avantages incontestables résidant dans le fait que leur désulfitage serait facilité, c'est-à-dire leur mise en fermentation au fur et à mesure des besoins, soit en vue d'obtenir des vins ordinaires, soit des mi-fermentés. La préparation de ces derniers produits sera étudiée plus loin en détail. Nous ne retiendrons du procédé de stérilisation par l'acide sulfureux que sa commodité et la modicité de son prix de revient.

B. Stérilisation par la chaleur. — Le mutage à l'acide sulfureux, qui rend d'importants services, quand les produits obtenus sont destinés soit à la refermentation, soit à la concentration, ne peut être employé quand les moûts sont destinés à être consommés en nature. En effet, nous avons vu que les doses d'antiseptique ajoutées sont souvent égales à 0, 75 ou 1 gr. par litre. Or, le législateur a limité à 0 gr. 45 et à 0 gr. 10 avec une tolérance de 1/10, les doses d'acide sulfureux total et libre que les moûts ou les vins destinés à la consommation pouvaient renfermer. En outre, l'antiferment imprime au produit une saveur peu agréable rebutant la clientèle ; enfin, la législation de certains pays prohibe expressément l'acide sulfureux.

Dans ces conditions, les sociétés de tempérance qui livrent à leurs adeptes des *vins sans alcool* sont obligés d'avoir recours à des procédés physiques et notamment à la chaleur et au froid pour réaliser la conservation du moût.

Mais ce moyen n'est pas d'une réalisation facile, car il faut pasteuriser le moût sans lui laisser perdre la moindre de ses qualités. Si, on chauffe le moût à une température de 100°, nécessaire pour tuer les ferments en état d'évolution, on risque de lui donner un goût de cuit désagréable. D'autre part, le moût ainsi théoriquement stérilisé doit être conservé intact et tous ceux qui se sont occupés de la stérilisation de matières alimentaires savent combien cela est difficile, si on ne peut soustraire complètement à l'action de l'air la matière temporairement stérilisée.

Comme le moût sortant des pasteurisateurs devra, avant d'arriver sur la table des consommateurs, subir un certain nombre de manipulations, il aura de nombreuses chances de contamination et, d'une manière générale, entrera rapidement en fermentation. On aura ainsi perdu le bénéfice du chauffage.

La « sécheresse » actuelle de l'Amérique du Nord, les efforts tentés par les ligues anti-alcooliques pour arriver à la suppression de la consommation des boissons fermentées donnent à la question de la stérilisation des moûts par la chaleur, une importance très grande, car, en admettant assurément que la France restera le pays de consommation du vin, il n'en est pas moins vrai que le viticulteur pourra tendre à devenir le fournisseur des pays « secs ».

Avant la guerre, il existait dans le Midi de la France une exploitation agricole, aux environs d'Arles, où on transformait en moûts stérilisés une portion importante de la récolte du domaine. Les produits du Mas de la Ville que j'ai eu maintes fois l'occasion de déguster étaient assez agréables, soit qu'ils soient livrés nature, soit après champagnisation. Les moûts mis en œuvre provenaient d'aramons à grand rendement et ne possédaient, certes pas, toutes les qualités que l'on pourrait obtenir par la mise en œuvre de moûts très riches provenant de cépages de choix, blancs ou rouges.

L'installation du Mas de la Ville était très importante, puisqu'elle possédait un outillage capable de stériliser à l'heure de 150 à 200 hectolitres de moût.

Comme on le voit, la stérilisation du moût de raisin par la chaleur avait reçu une application industrielle pouvant servir d'exemple pour des installations similaires, soit par des particuliers, soit par des coopératives.

La stérilisation était obtenue par les actions successives de la chaleur et du froid. Le moût provenant des fouloirs et des égouttoirs était envoyé dans des appareils spéciaux composés d'un grand cylindre contenant un faisceau tubulaire en étain fin dans lequel circulait le moût et autour duquel se trouvait de l'eau chaude maintenue à température constante par des injections de vapeur.

Le moût pratiquement stérilisé se rendait dans des cuves de débourbage où il séjournait de 36 à 48 heures et où, par repos, il se débarrassait de toutes les impuretés qu'il renfermait en suspension.

Ainsi clarifié, il était envoyé dans des cuves de garde préalablemeut stérilisées où il était soumis à l'action du froid produit par une machine frigorifique. Les cuves étaient parcourues par un faisceau tubulaire dans lequel circulait du liquide incongelable. La température y était maintenue aux environs de 2 à 3 degrés au-dessous de zéro. Sous l'action de cette température, le tartre se déposait. Les cristaux formés au sein du liquide arrivaient à constituer un réseau suffisamment serré pour entraîner dans leur précipitation tous les germes que le moût pouvait encore contenir et que le froid avait rendu momentanément inertes.

Le moût était conservé dans des cuves jusqu'au moment de l'embouteillage, qui se faisait au fur et à mesure de la demande.

Les bouteilles, pleines de jus de raisin ainsi clarifié et refroidi, étaient bouchées hermétiquement et pasteurisées à nouveau dans des appareils à grand rendement munis d'échangeurs de température, ce qui permettait de récupérer une partie de la chaleur, d'où économie de combustible, et de diminuer la casse des bouteilles.

Les bouteilles stérilisées étaient alors mises en observation, pendant quelques jours, dans des salles spéciales où la température est maintenue aux environs de 32°. Les bouteilles dans lesquelles on observait un léger trouble, preuve d'un commencement de fermentation, étaient retirées et stérilisées à nouveau ; les autres étaient mises à la vente.

Pour être complet, je dirai que la force motrice, dans cette exploitation, était fournie par un moteur à gaz pauvre utilisant des sarments de vigne hâchés en petits morceaux de 5 à 10 cm.

Comme on le voit, la préparation du moût stérilisé par la chaleur ressort plus du domaine industriel que du domaine purement viticole, mais le propriétaire aurait tort de se désintéresser d'une fabrication pouvant lui assurer des bénéfices sérieux. En effet, s'il est bon d'empêcher la prohibition de la vente du vin, il est également profitable d'écouler le surplus de la production des vignobles, en fournissant aux pays « secs » ou antialcooliques le vin sans alcool qui leur est nécessaire.

Le procédé de stérilisation des moûts par la chaleur, avec tous les aléas qu'il comporte et les difficultés que présente leur expédition autrement qu'en bouteilles, exige l'immobilisation de capitaux importants nécessitant le groupement des propriétaires transformés momentanément en industriels.

Dans ces conditions, on peut se demander s'il ne vaut pas mieux recourir immédiatement à la concentration des moûts, ce qui permettrait d'économiser des frais de transport élevés et de permettre aux consommateurs « secs » de produire une boisson selon leur goût.

II. — **Mistelles** (1)

On désigne sous le nom de mistelles, des produits obtenus par le mutage, à l'aide d'alcool, de moûts de raisins frais ou de vendanges fraiches égrappées. Dans le premier cas, on obtient des mistelles blanches, dans le second, des mistelles rouges.

---

(1) Je tiens à remercier ici, M. Pierre Monternier, fabricant du vin apéritif « Mimos », à Montpellier, des renseignements pratiques qu'il a bien voulu me donner sur la fabrication des mistelles.

Indépendamment des raisins ou du jus de raisins frais, on peut encore faire appel à des moûts de raisins secs ou à des moûts concentrés, enfin à des moûts enrichis avec du sucre cristallisé.

Généralement, les mistelles dont l'emploi comme matière première dans la préparation des vins de liqueur, des vermouths et des vins toniques a pris, depuis l'interdiction des apéritifs à hauts degrés alcooliques, une importance très grande, sont achetées sur la base de 15° d'alcool pour 8° apparents de liqueur, d'où la dénomination de mistelles à 15/8, sous laquelle les contrats sont passés.

La garantie exigée de 8° de liqueur apparent implique forcément la mise en œuvre de moûts très riches en sucre. En effet, pour que dans un liquide contenant 15° d'alcool, le densimètre accuse encore 8° de liqueur, c'est-à-dire une densité d'environ 1051, il faut qu'à l'origine le moût employé ait eu une densité élevée et variable selon les cépages et la richesse de l'alcool, mais généralement égale ou supérieure à 13° B.

Cela explique pourquoi, jusqu'à ces dernières années, la production des mistelles restait le monopole de la Grèce, de l'Espagne et de l'Algérie, c'est-à-dire de pays où l'on obtient, facilement, une grande richesse en sucre par une maturation naturelle.

Cependant, déjà avant la guerre, certains fabricants de vins de liqueur ou d'apéritifs allaient chercher dans les Pyrénées-Orientales ou dans certaines régions du Languedoc, la matière première susceptible d'être transformée, dans d'excellentes conditions, en mistelles présentant toutes les qualités requises.

Il semble possible de prévoir pour l'avenir une fabrication encore plus intense de ce produit, si, comme tout le laisse espérer, l'interdiction qui frappe les boissons à titre alcoolique n'est pas rapportée.

Mais la préparation qui, à première vue, paraît des plus faciles, ressort au contraire, à la pratique, sinon comme difficile, du moins comme délicate. Pour celui qui s'est contenté de faire quelques litres de « carthagène », rien ne lui a laissé soupçonner combien il est difficile d'assurer, dans de bonnes conditions, le mélange complet du moût de densité élevée, avec de l'alcool de densité, au contraire, très sensiblement inférieure à celle de l'eau. Il faudra donc prendre certaines précautions, si on veut obtenir des résultats intéressants et constants, et éviter les écueils qui attendent souvent le mistelleur amateur.

Technique de la préparation des mistelles blanches. — J'ai dit précédemment que la mistelle blanche était celle qui était obtenue par le mutage de moût seul, c'est-à-dire entièrement séparé des matériaux solides de la vendange.

La préparation de ces moûts doit être effectuée d'une manière attentive, car il est nécessaire de ne mettre en œuvre que du liquide seul, et cela pour deux raisons différentes : la première, que la présence dans le milieu de peaux ou de débris de râfle est de nature à créer des foyers de fermentation qui détruiront un peu de sucre ; la deuxième, c'est que, même s'il n'y a pas fermentation, ces matières, gorgées d'eau de végétation, seront susceptibles d'appauvrir le milieu en sucre et en alcool, puisque, au cours de la préparation, les phénomènes osmotiques se produiront et que l'eau sera remplacée dans les cellules par de l'alcool.

Le moût obtenu sera traité par de l'alcool à un titre généralement élevé, compris entre 90 et 97°.

A quel alcool doit-on faire appel de préférence? Si l'on s'en tenait uniquement au bon sens, il semble que l'on pourrait adopter pour ce vinage l'alcool de vin, de préférence à l'alcool d'industrie. Et cependant, c'est le contraire qui se produit ordinairement, et c'est aux alcools d'industrie que les mistelleurs s'adressent, de préférence.

On trouve la raison de cette préférence dans la neutralité de goût des alcools d'industrie, qui permet un emploi immédiat de la mistelle.

Si on avait, au contraire, recours aux alcools de vin, non rectifiés, la mistelle conserverait, pendant un temps plus ou moins long, le parfum, sui generis, de l'alcool de vin, parfum qui se retrouverait dans les liqueurs contenant dans leur composition un pourcentage même peu élevé de mistelle.

Des expériences poursuivies pendant de nombreuses années, au laboratoire d'œnologie de l'Ecole d'Agriculture de Montpellier, m'ont montré qu'au bout de quelques mois, ordinairement six ou huit, les mistelles obtenues avec les alcools de vin étaient plus fines et infiniment supérieures, au point de vue bouquet, à celles produites par le vinage à l'alcool d'industrie.

Cette opinion, qui pourrait n'avoir aucune portée pratique, puisqu'elle était uniquement basée sur des expériences de laboratoire, m'a été confirmée par le directeur d'une des plus grandes maisons de vins apéritifs, dans laquelle on n'emploie, en effet, pour la fabrication, que des vins ou des mistelles vinés à l'alcool de vin bon goût.

Il est bien évident que l'adoption d'un tel système exige des capitaux importants et l'immobilisation d'une marchandise coûteuse, périssable, et dont les déchets sont loin d'être négligeables.

Il n'est cependant pas douteux que, dans l'avenir, on pourra s'adresser aux alcools de vin rectifiés qui, bien que moins neutres que les alcools d'industrie, ne seront pas de nature à imprimer à la mistelle des goûts bizarres, en diminuant temporairement la valeur.

A quel moment l'addition d'alcool doit-elle être faite au moût ? Comme ce que l'on recherche surtout dans une mistelle c'est sa teneur en sucre, il y aura évidemment intérêt à ajouter l'alcool avant toute fermentation.

Bien que cela paraisse facile de viner avant toute transformation du sucre, la pratique nous apprend que ce n'est pas toujours commode. Le vinage, en effet, doit être fait en présence des agents de la Régie et, à moins d'avoir un atelier de préparation très important, on ne peut avoir la prétention de faire établir une permanence qui arrangerait tout. Il faudra donc attendre, dans la majorité des cas, l'arrivée de l'employé chargé du contrôle, ce qui donnera au moût, surtout à celui provenant de vendanges chaudes, le temps d'entrer en fermentation.

Il est vrai que le viticulteur ou le mistelleur a à sa disposition un agent précieux lui permettant de stériliser temporairement le milieu, tout au moins pendant le temps nécessaire aux opérations. On fait largement appel à l'acide sulfureux et notamment à la forme liquide. Les doses que l'on emploie varient ordinairement entre 40 et 60 grammes par hectolitre de moût, quand celui-ci doit être viné hors du lieu de production et entre 10 et 30 grammes quand la mistelle se fait sur place. Ces dernières doses n'ont rien d'exagéré. Il m'a été, en effet, permis de constater au cours des deux dernières campagnes, des cas où la fermentation se déclarait, avant le vinage, dans des moûts ayant reçu 15 grammes d'anhydride sulfureux par hectolitre, et cela d'autant mieux que l'époque était plus avancée et que la vinification était commencée depuis plus longtemps, c'est-à-dire que les moûts étaient plus riches en sucre et que l'air était plus chargé en levures.

Cela n'a rien qui puisse nous étonner, surtout si nous nous rappelons les différences d'action de l'acide sulfureux sur les ferments alcooliques selon qu'ils sont plus ou moins actifs ou en plus ou moins grand nombre.

Peut-on faire appel à des formes d'acide sulfureux autres que la forme liquide? On peut répondre, sans aucun doute, par l'affirmative et cela malgré l'opinion qui veut que l'emploi des bisulfites de potasse ou de soude soit de nature à donner aux produits une amertume indélébile.

Il résulte d'expériences faites en grande pratique que des doses de métabisulfite de potasse ou de soude variant entre 500 et 1500 miligrammes par litre n'ont donné aucune saveur spéciale à la mistelle produite. Je tendrais plutôt à penser qu'il est parfaitement inutile d'introduire dans le moût des quantités massives de potasse ou de soude, alors qu'il est facile de s'en passer. Cependant, dans le cas où il aurait été impossible de se procurer au moment voulu de l'anhydride sulfureux liquide, on pourrait, sans crainte aucune, recourir à l'emploi des combinaisons salines de cet acide.

Quelle est la proportion d'alcool à ajouter à un moût pour obtenir des mistelles à 15° ? — La quantité d'alcool à ajouter dépendra uniquement du titre alcoolique de l'alcool que l'on aura à sa disposition. En effet, il est bien évident que si l'on avait en sa possession deux alcools, l'un à 97°, l'autre à 90°, il faudrait plus de l'un que de l'autre.

Dans l'opération du mutage, il faudra donc commencer à déterminer, d'une façon très précise, le titre de l'alcool et calculer ensuite la quantité théorique qu'il en faut pour obtenir, après mélange au moût, un liquide titrant 15°. Je dis quantité théorique, car en réalité, on n'obtiendra jamais ce titre d'une manière exacte. Quelquefois, il se trouvera être de 1/10 à 2/10 en plus, d'autres fois en moins. Tout dépendra, en effet, de l'importance de la contraction qui se produit dans le mélange de l'alcool au moût, et ensuite de la façon dont aura été faite l'incorporation.

Quoiqu'il en soit, l'alcool étant pris en charge au moment de son emploi, il faudra calculer la quantité nécessaire pour avoir la mistelle au degré cherché.

On sera donc obligé de se livrer, pour chaque degré alcoolique, à une opération permettant de connaître, d'abord la quantité d'alcool qui doit se trouver dans un hectolitre de mistelle, puis de déduire du résultat obtenu la quantité nécessaire au mutage de 100 litres de moût.

Admettons, par exemple, que nous possédions un alcool titrant 92°5, à la température de 15° c. Le nombre de litres de cet alcool correspondant à 15 litres d'alcool pur sera égal à $\frac{15 \times 100}{92,5} = 16$ l. 217.

Donc, par l'addition de 16 l. 217 d'alcool à 92°5 à 83 l. 733 de moût, on obtiendra théoriquement 100 litres d'un produit titrant 15°.

Mais, comme la matière facilement mesurable est le moût, il importera surtout de connaître la quantité d'alcool qu'il faut ajouter à 100 litres de moût pour obtenir une mistelle à 15°. Connaissant la quantité d'alcool contenu dans 100 litres de mistelles, une simple règle de trois donnera l'alcool nécessaire à 100 litres de moût.

Dans l'exemple précédent, on pourra donc dire que si pour 83 l. 783 de moût, il faut 16 l. 217 d'alcool, pour 100 litres il en faudra

$$\frac{16.217 \times 100}{83.783} = 19.355$$

Le tableau ci-contre permet de trouver immédiatement et sans calcul la quantité d'alcool nécessaire pour 100 de mistelles ou pour 100 de moût, et cela pour tous les degrés alcooliques compris entre 90 et 97°.

Il est facile de faire la preuve de l'exactitude de l'opération et voir si en réalité il est possible, après l'opération, d'avoir le titre moyen de 15° cherché.

En continuant à suivre l'exemple précédent, si l'opération est bien faite, nous devons posséder, en fin de compte, 119 hl. 355 d'un produit à 15°, c'est-à-dire renfermant au total 17 hl. 90 l. 33 d'alcool pur. C'est, en effet, la quantité d'alcool pur à laquelle correspondent les 19 hl. 35 l. 50 d'alcool à 92°5 qui sont entrés dans le mélange.

$$119{,}355 \times 15° = 19.35{,}5 \times 92\ 5 = 17 \text{ hl. } 90 \text{ l. } 33$$

En réalité si tout se passait en vase clos et à l'abri de toutes les pertes d'alcool, le titre définitif des mistelles devrait être supérieur à 15°, de la valeur de la contraction.

Or, quand on mesure l'importance de cette contraction pour les alcools de haut degré, généralement employés, et pour des moûts de densités variant entre 1085 et 1105, c'est-à-dire marquant à l'aréomètre Baumé de 11°3 à 13°7 on obtient le chiffre moyen de 1. 2 o/o. Dans ces conditions, le titre de la mistelle devrait être, non de 15°, mais de $15 + \frac{15 \times 1{,}2}{100} = 15°\ 15$, en chiffres ronds.

Pratiquement, il est excessivement rare qu'en employant des quantités d'alcool strictement exactes pour obtenir 15°, on atteigne ce chiffre et, d'une manière générale, sauf dans le cas, bien entendu, où il y aurait eu déjà de l'alcool de fermentation préformé, on constate une légère perte.

A quoi tient cette perte ? Sans vouloir y faire entrer en ligne de compte les petites quantités d'alcool qui disparaissent, consommées en nature, par les ouvriers, la perte tient à l'évaporation qui ne manque pas de se produire dans les diverses manipulations. Il faut, en effet, tenir compte que la tension de vapeur de l'alcool est d'autant plus élevée que la température est plus haute et que sa richesse est plus grande. Il y a également lieu de tenir compte de l'échauffement de température qui résulte du mélange de l'alcool au moût, échauffement qui n'est jamais inférieur à 5°, ainsi que me l'ont montré de nombreuses observations faites en grande pratique.

Or, comme à l'époque où se font les mistelles, la température ambiante est encore élevée et que les moûts entrent ordinairement à 25°, on se rend facilement compte que la tension de vapeur peut être relativement importante et aide ainsi à une évaporation non négligeable.

La perte d'alcool sera variable avec la méthode employée pour l'incorporer au moût. D'une façon générale, on opère le mutage sur des demi-muids contenant une quantité déterminée de moût et dont le plein est fait par l'alcool ajouté. Dans ce cas, la perte est réduite au minimum et l'homogénéisation sera rendue plus facile.

TABLEAU II.

DEGRÉ alcoolique	DENSITÉ	POUR 100 de mistelles	POUR 100 de moût	DEGRÉ alcoolique	DENSITÉ	POUR 100 de mistelles	POUR 100 de moût	DEGRÉ alcoolique	DENSITÉ	POUR 100 de mistelles	POUR 100 de moût
90.0	0.8346	16.667	20.000	92.7	0.8253	16.181	19.305	95.4	0.8152	15.724	18.656
90.1	0.8343	16.648	19.973	92.8	0.8249	16.164	19.280	95.5	0.8148	15.707	18.633
90.2	0.8339	16.630	19.947	92.9	0.8246	16.146	19.255	95.6	0.8144	15.691	18.610
90.3	0.8336	16.612	19.920	93.0	0.8242	16.129	19.230	95.7	0.8140	15.674	18.587
90.4	0.8332	16.593	19.894	93.1	0.8239	16.112	19.206	95.8	0.8136	15.658	18.564
90.5	0.8329	16.575	19.868	93.2	0.8235	16.095	19.181	95.9	0.8132	15.641	18.541
90.6	0.8326	16.557	19.841	93.3	0.8231	16.077	19.157	96.0	0.8128	15.625	18.518
90.7	0.8322	16.538	19.815	93.4	0.8228	16.060	19.133	96.1	0.8124	15.609	18.495
90.8	0.8319	16.520	19.789	93.5	0.8224	16.043	19.108	96.2	0.8120	15.593	18.473
90.9	0.8315	16.502	19.762	93.6	0.8220	16.026	19.084	96.3	0.8115	15.576	18.450
91.0	0.8312	16.483	19.736	93.7	0.8217	16.008	19.060	96.4	0.8111	15.560	18.427
91.1	0.8309	16.465	19.710	93.8	0.8213	15.992	19.035	96.5	0.8107	15.544	18.405
91.2	0.8305	16.448	19.685	93.9	0.8210	15.974	19.011	96.6	0.8103	15.528	18.382
91.3	0.8302	16.430	19.659	94.0	0.8206	15.957	18.987	96.7	0.8099	15.512	18.360
91.4	0.8298	16.412	19.633	94.1	0.8202	15.940	18.963	96.8	0.8094	15.496	18.337
91.5	0.8295	16.394	19.608	94.2	0.8198	15.924	18.939	96.9	0.8090	15.480	18.314
91.6	0.8292	16.376	19.582	94.3	0.8195	15.906	18.915	97.0	0.8086	15.464	18.292
91.7	0.8288	16.358	19.557	94.4	0.8191	15.889	18.892	97.1	0.8082	15.449	18.270
91.8	0.8285	16.340	19.531	94.5	0.8187	15.872	18.868	97.2	0.8077	15.433	18.248
91.9	0.8281	16.322	19.505	94.6	0.8183	15.857	18.844	97.3	0.8073	15.417	18.226
92.0	0.8278	16.304	19.480	94.7	0.8179	15.840	18.820	97.4	0.8068	15.401	18.204
92.1	0.8274	16.287	19.455	94.8	0.8176	15.823	18.796	97.5	0.8064	15.385	18.182
92.2	0.8271	16.269	19.430	94.9	0.8172	15.806	18.773	97.6	0.8060	15.370	18.160
92.3	0.8267	16.252	19.405	95.0	0.8168	15.789	18.749	97.7	0.8055	15.354	18.138
92.4	0.8264	16.234	19.380	95.1	0.8164	15.773	18.726	97.8	0.8051	15.338	18.116
92.5	0.8260	16.217	19.355	95.2	0.8160	15.756	18.703	97.9	0.8046	15.322	18.094
92.6	0.8256	16.199	19.330	95.3	0.8156	15.740	18.680	98.0	0.8042	15.306	18.072

En effet, sous l'action de la contraction, un certain vide va se produire et au cours du roulage du tonneau qui sera fait dans le but de l'amener près du récipient où la mistelle sera entreposée, la masse liquide sera agitée et le mélange se fera d'une façon à peu près parfaite. Le pompage sans aération finira de donner au liquide l'homogénéité nécessaire. Toutes les opérations se faisant sans brassage exagéré du liquide, la perte sera réduite au minimum.

Cependant dans certains cas, le vinage se fait dans le cuvier des pompes où le moût et l'alcool peuvent se mélanger. Cette façon d'opérer permet de réaliser certaines économies de main-d'œuvre, mais exige un brassage plus énergique du liquide.

En effet, il arrive souvent que moût et alcool dont la densité est très différent (différence atteignant souvent 300 grammes par litre), ne se mélangent pas bien, l'alcool surnageant toujours. Il faut alors recourir à des pompages à vide de façon à créer une agitation du milieu favorable au mélange. Le nombre de pompages est variable et doit être continué jusqu'à ce que deux prises d'échantillons faites l'une en haut, l'autre en bas du récipient accusent la même densité.

C'est au cours de ces pompages que les pertes d'alcool se produisent et cependant, même le sachant, il est indispensable de le faire, sinon, on s'exposerait à obtenir des produits ne présentant plus les caractères des mistelles. Effectivement, le moût restant séparé de l'alcool et les levures étant soustraites à l'action fermenticide de celui-ci, il y aura fermentation et transformation du moût au vin. On aura donc un produit contenant beaucoup d'alcool et peu de sucre, ne pouvant prétendre à la dénomination de vin doux naturel et étant destiné, par conséquent, à acquitter les droits de circulation sur sa richesse intégrale en alcool.

Quelle peut être l'importance de la perte en alcool dans le cas de pompage? La question peut se poser différemment et on se demandera quelle est la quantité d'alcool pur entraîné par barbottage d'un volume d'air dans un liquide à 15°, à la température moyenne de 30° c., et à la pression de 760 ‰.

Cette quantité nous sera donnée par l'application de la formule générale :

$$P = V.\,a.\,d. \times \frac{1}{1+\alpha t} \times \frac{H}{760}$$

Dans le cas qui nous intéresse, le poids d'alcool entraîné sera, par mètre cube d'air injecté :

$$P = 1 \times 1.293 \times \frac{1,6}{1+\frac{t}{273}} \times \frac{H}{760} \quad (1)$$

dans laquelle 1,6 est la densité de l'alcool, 1,293 celle de l'air, H la tension de vapeur de l'alcool et t la température du liquide.

Les calculs effectués en se basant sur les constantes déterminées par Regnault, en ce qui concerne les tensions respectives de l'eau et de l'alcool pour une température donnée, et par Sorel, pour les richesses en poids des vapeurs émises par l'eau et l'alcool dans un liquide renfermant 15° d'alcool, donnent pour la température de 30° c. à H, une valeur égale à 14,9. La formule (1) devient donc en remplaçant les lettres par leur valeur :

$$P = 1 \times 1.293 \times \frac{1,6}{1 + \frac{30}{273}} \times \frac{14,90}{760} = 37^{gr}$$

Donc chaque mètre cube d'air qui barbotte dans le mélange entraine au moins 37 grammes d'alcool pur.

Si maintenant, on admet que l'on se serve, pour cette opération, d'une pompe dont le débit est de 100 hectolitres à l'heure et que la durée du barbottage soit de 1/4 d'heure, la quantité d'alcool qui disparaitra à chaque pompage sera de :

$$37 \times 2,5 = 92^{gr}5$$

Si pour être complet le mélange exige 4 barbottages, la quantité d'alcool disparu, au moment où la mistelle sera parfaitement homogène, sera de :

$$92,5 \times 4 = 370^{gr}$$

La quantité d'alcool pur qui restera dans 100 litres de liquide à 15 degrés sera donc après barbottage :

$$15^{l} - \frac{370}{0,8} = 14,538$$

ce qui correspondra à un titre alcoolique de 14° 54 en chiffre rond et la perte ressortira à 3 o/o environ.

Il n'y a donc rien d'étonnant à ce que de nombreuses mistelles blanches, pour la préparation desquelles toutes les précautions avaient été prises pour qu'elles tirent 15°, ne présentent plus au dosage que des quantités d'alcool inférieures de quelques dixièmes à celles qu'on aurait dû y trouver et cela malgré le gain certain dû à la contraction.

Mistelles rouges

Les mistelles rouges tirent plus leur nom de la manière dont elles sont obtenues que de la teinte qu'elles présentent. En effet, on peut admettre qu'en mettant en œuvre des raisins teinturiers, on puisse obtenir directement, par le mutage à l'alcool des moûts, des produits colorés, mais ces produits n'auraient pas le *corps* que l'on se plaît à trouver dans les mistelles rouges.

Par ailleurs, comme la majeure partie des raisins mis en œuvre pour la préparation des mistelles sont à pulpe incolore, il faut pour obtenir une coloration qu'il y ait contact plus ou moins long entre les cellules chromogènes de la pellicule et le moût alcoolisé.

Mais ce contact, plus ou moins prolongé, ne sera pas sans jouer un rôle important sur la richesse en sucre et en alcool du produit final. En effet, comme je l'ai déjà dit ailleurs, au cours de la macération qui va s'effectuer, des échanges de liquides vont se faire et l'eau de végétation contenue dans les cellules de la peau et des pépins va passer dans le moût alcoolisé et inversement une portion de l'alcool va aller remplacer, dans les parties solides, l'eau qui en est sortie.

Si donc l'on ne veut pas avoir de mécomptes sur la richesse en sucre du produit final, il faudra opérer sur de la vendange bien mûre et pesant à l'aréomètre Baumé environ 15°.

En effet, prenons le cas d'une vendange saine mais bien mûre et dans laquelle les proportions respectives de rafles, peaux, pépins et pulpes sont de 3 o/o, 7 o/o, 2,5 o/o, 87,5 o/o, ce qui correspond à un minimum pour les parties solides et un maximum pour la pulpe. Comme le versement de l'alcool sera fait sur de la vendange égrappée, les seuls matériaux solides à considérer sont la peau et les pépins.

Or, les recherches effectuées par de nombreux auteurs sur la constitution de ces parties du raisin nous apprennent qu'elles renferment de l'eau de végétation en quantité variable, mais représentant environ 76 o/o dans la peau 36 o/o dans les pépins. Par conséquent, les 9,5 o/o de matériaux solides renferment environ 6 litres 2 d'eau de végétation qui passeront dans le moût alcoolique.

Ce qui revient à dire que, si le moût est à la densité de 1116, par exemple, correspondant sensiblement à 15° B. ce moût n'aurait plus comme densité après macération que 1109. En effet, à la densité de 1116, les 87 kg. 5 de pulpe correspondent sensiblement à 78 l. 4 de moût renfermant 279 gr. de sucre par litre ou 21 kg. 874 environ pour l'ensemble. Après macération, comme on peut admettre que pulpes et pépins n'apportent pas de sucre, les 21.874 gr. de sucre se seront partagés non entre les 78 l. 4 de moût, mais entre ceux-ci augmentés de l'eau de végétation, c'est-à-dire entre 84 l. 6, ce qui revient à dire que la richesse moyenne en sucre du produit final correspondra à 258 gr. par litre de moût entrant dans sa composition. A cette richesse en sucre correspond une densité de 1108 environ à 15°.

Continuant le raisonnement pour l'alcool, si on calculait la quantité à mettre, en ne tenant uniquement compte que de la proportion de moût mis en œuvre, et en admettant que le produit final doit avoir 15° d'alcool, on s'exposerait à commettre des erreurs grossières.

En effet, prenons le cas où la richesse de l'alcool employé est, pour simplifier les calculs, de 90°, théoriquement 20 litres d'alcool à ce degré ajoutés à 100 litres de moût donnent un mélange titrant exactement 15° : $\frac{90 \times 20}{100 + 20} = 15.$

Dans le cas de mistelles rouges, on aura non plus à compter sur 100 litres de moût et sur 20 litres d'alcool, mais sur 108 litres environ (100 l. de moût et 8 litres d'eau de végétation) et les 1800° fournis par les 20 litres d'alcool à 90° devront être comptés comme répartis, non plus sur 120 litres de mélange, mais sur 128, ce qui revient à dire que le titre moyen sera de $\frac{90 \times 20}{128} = 14°1$ environ, et correspondra à une perte d'alcool de 6 o/o. Cette quantité se retrouvera dans les marcs après distillation.

Pour être assuré de retrouver dans le liquide de macération 15° d'alcool, il faudrait ajouter à 100 kgs de vendange, de la constitution envisagée, environ 14 l. 3 d'alcool à 90°.

Préparation des mistelles rouges. — La vendange sera soumise à un égrappage aussi rigoureux que possible, de façon à ne mettre en œuvre que de la pulpe, de la peau et des pépins. L'introduction de débris de râfle, dans la masse, concourrait à amoindrir la qualité du produit et ils absorberaient à leur profit une quantité d'alcool plus ou moins grande.

La vendange foulée et égrappée sera additionnée d'alcool, mais ici, plus encore que pour la préparation des mistelles blanches, il sera difficile d'assurer rapidement un mélange parfait et par suite un arrêt complet de la fermentation (1).

On sera donc amené à faire un certain nombre de remontages, si on ne veut pas s'exposer à avoir à la fin de l'opération, non des mistelles, mais des vins fortement vinés.

Ces remontages devront être faits, autant que possible, à l'abri de l'air, de façon a éviter une fuite sensible d'alcool par évaporation. Cependant, pour si bien faite que soit l'opération, il y aura toujours lieu de compter sur un certain déchet.

Au bout d'un temps variant entre trois et six semaines, on procèdera au soutirage du liquide qui sort généralement limpide. Ce soutirage, comme les remontages, sera fait à l'abri de l'air. L'égouttage de marc obtenu, celui-ci sera porté sur le pressoir qui permettra de récupérer la plus grande partie de liquide alcoolique qu'il renferme.

Après expression, les marcs sont encore riches en alcool et peuvent être utilement distillés, soit immédiatement, soit après nouvelle fermentation. Dans ce dernier cas, leur rendement en alcool est sensiblement supérieur.

En effet, les matériaux solides, qui ont macéré, se sont enrichis en alcool, à la manière dont les grains de raisins conservés dans l'alcool cèdent à ce dernier du sucre et deviennent alcooliques, mais restent imprégnés d'une quantité de sucre relativement élevée correspondant par 100 kilog. de marcs dans la majeure partie des expériences auxquelles je me suis livré, à des proportions d'alcool variant entre 4 litres et 4 l. 5 d'alcool pur à 100°.

Les dosages effectués sur les marcs venant directement des pressoirs ont accusé des richesses variant entre 8 et 9 litres d'alcool pur à 100° par 100 kilogrammes de marcs.

L'alcool ainsi obtenu est pris en charge et vient en déduction de celui qui a été employé au cours de la préparation des mistelles. A ce sujet, il est entendu que dans le cas où on s'est servi pour faire le mutage d'alcool d'industrie, l'alcool obtenu par distillation des marcs, même s'il est composé partie d'alcool d'addition, partie d'alcool de fermentation n'a pas droit à l'acquit d'origine. Dans certaines conditions, il pourrait être intéressant de produire un alcool ayant l'acquit d'origine et on voit quel avantage procurerait un mutage à l'alcool de vin.

Soins à donner aux mistelles. — Ces produits doivent être soutirés quand il sont devenus par repos ou sous l'action des froids absolument brillants. Il y aurait, en effet, un certain inconvénient à les laisser pendant trop longtemps sur leurs grosses bourbes. Elles pourraient, en effet, y acquérir des goûts spéciaux susceptibles d'en diminuer la valeur. Bien qu'on n'ait pas à craindre de développement de maladies, il faudra cependant les maintenir ouillées, à moins toutefois que l'on veuille hâter leur vieillissement. Dans ce cas, il vaudrait mieux respecter la vidange et donner à l'air la possibilité de faire sentir son action. Ce sera, il est vrai, toujours au détriment de la richesse en alcool.

(1) Dans certaines régions et notamment en Espagne, les mistelles rouges sont préparées dans des cuves ouvertes, appelées « Lagars », de capacité plus ou moins grandes et recouvertes par des plateaux en bois. Le brassage de la vendange additionnée d'alcool est effectué par des hommes munis de bâtons ou mieux d'échelles. Le brassage est généralement mal fait, car le fond du récipient n'est jamais remué. On a donc superposition de deux couches, dont l'inférieure fermentera toujours.

Différenciation des mistelles d'avec les vins de liqueurs ou les vins doux naturels. — Les mistelles sont facilement reconnaissables à l'analyse, car elles doivent conserver les proportions respectives des deux sucres telles qu'elles se trouvent dans les moûts au moment de leur mutage.

Le moût contient, en effet, à maturité du sucre constitué en parties sensiblement égales de glucose et de levulose. Un déséquilibre entre les proportions de ces deux sucres ne se produit que sous l'action de la fermentation. Celle-ci jouissant de la propriété de détruire plus rapidement le glucose que le levulose, c'est ce dernier que l'on retrouvera, en plus grande abondance, dans les liquides fermentés (vins de liqueurs, vins doux naturels, mi-fermentés). Par le dosage des sucres totaux et l'examen de la déviation polarimétrique, on parviendra à établir un rapport $\frac{P}{\alpha} = \frac{\text{Poids total des sucres}}{\text{déviation polarimétrique}}$ qui indiquera immédiatement dans quelle catégorie entre le produit envisagé. Ce rapport pour les mistelles doit être sensiblement égal à 5.

Outre ce caractère basé sur les richesses différentes en glucose et en levulose, on peut encore trouver une différence : 1° par le dosage de l'acidité volatile. En effet, celle-ci nulle ou à peu près dans les moûts ou les mistelles, peut atteindre plusieurs décigrammes par litre dans les vins fermentés (1) ; 2° par le dosage de l'ammoniaque qui doit avoir complètement disparu dans les milieux fermentés alors qu'elle existe encore dans les moûts mutés ; 3° par le dosage des acides solubles dans l'éther : ceux-ci, que l'on rencontre en proportion très faible dans les moûts, peuvent atteindre 1 gramme dans les produits fermentés.

Régime fiscal des mistelles. — Les mistelles paient les droits de circulation et de consommation sur l'alcool qu'elles renferment. Mais les mistelleurs peuvent en jouir moyennant cautionnement du crédit des droits sur l'alcool qu'ils ont en charge, jusqu'au moment où ils ont expédié les produits fabriqués.

Pour établir le compte alcool dans le *cas des mistelles rouges*, on fait la balance entre les quantités d'alcool employées et celles représentées par les mistelles, d'une part et d'autre part, par celles contenues dans les marcs expédiés à la distillerie ou détruits. Les manquants qui apparaissent alors sont frappés du droit général de consommation, sans distinction aucune (2).

Les fabricants de mistelles peuvent enrichir artificiellement les mouts de raisin par addition de sucre cristallisé, sous la réserve que la richesse totale en sucre ne dépasse pas 21° B.

Régime douanier. — Pendant très longtemps les mistelles utilisées dans la métropole étaient d'origine grecque ou espagnole. Aussi un régime fiscal douanier fut étudié et fixé par la loi du 15 mars 1902.

---

(1) L'acidité volatile peut cependant être relativement élevée dans certaines mistelles provenant de la mise en œuvre des vendanges dans lesquelles des grains nombreux ont fermenté et aigri préalablement à leur cueillette. Mais en aucun cas, cependant, la proportion de ces acides volatils sera supérieure à 0,4-0,5 °/...

(2) D'après ce que nous avons vu, on doit toujours avoir des manquants naturels provenant de l'évaporation de l'alcool. Quand il n'y en a pas, on peut être sûr que l'alcool manquant a été remplacé dans le milieu par de l'alcool de fermentation. D'une façon générale, en effet, les mistelleurs, laissent fermenter une certaine portion de moût de façon à compenser l'alcool perdu.

D'après cette loi, les mistelles étrangères acquittant à leur rentrée en France ou en Algérie.

1° Le droit sur l'alcool ;

2° Le droit sur le moût de raisin frais, calculé sur le degré aréométrique que posséderait le produit privé d'alcool.

L'application de ce second droit met en lumière les différentes façons de concevoir le degré de liqueur présenté par une mistelle. Il sera, en effet, différent selon que l'on considérera le *degré apparent*, le *degré réel* ou le *degré douane*.

Le degré apparent ou *degré commercial* est celui indiqué par l'aréomètre Baumé. plongé dans la mistelle à 15° de température. Ce degré n'indique pas la richesse réelle en sucre puisqu'il est obtenu dans un liquide contenant de l'alcool dont la densité (0.794) influence, pour la diminuer, la densité du moût.

Le degré réel est celui qui est obtenu en plongeant l'aréomètre Baumé dans la mistelle privée d'alcool par ébullition refroidie à 15° et ramenée à son volume primitif par addition d'eau.

Le degré douane est celui qui correspond à la richesse réelle du moût ayant servi à la préparation de la mistelle ; il est obtenu en plongeant l'appareil dans le liquide privé d'alcool par ébullition, refroidi et ramené à son volume primitif, moins le volume d'alcool contenu dans la mistelle et dosé par distillation.

On voit donc combien peuvent être grandes les différences entre ces diverses déterminations, et quelles confusions elles peuvent amener si, par contrat, on n'a pas nettement indiqué que les transactions se feront sur la base de tel ou tel degré.

III. **Moûts concentrés**

La concentration des moûts a été envisagée depuis très longtemps, puisqu'on trouve dans un rapport de Parmentier, daté de 1809, la description des procédés de fabrication des sirops et des conserves de raisins, d'abord, dans l'intention de produire des sirops, pouvant remplacer ceux provenant de sucre de canne et, plus récemment, dans le but d'augmenter le degré des petits vins et de réaliser ainsi une économie de vaisselle vinaire et la production de vins d'excellente qualité.

La question peut se reposer aujourd'hui en envisageant toutes les applications possibles des produits concentrés. Seule, une révision de la législation relative aux sirops de raisins est à demander. En effet, la loi actuellement en vigueur assimile aux glucoses les sirops de raisins dont la concentration est supérieure à 20°9 B. Il semblerait naturel que cette assimilation incompréhensible cesse, la constitution des sirops de raisin permettant toujours de les différencier facilement des sirops glucosés.

Tout d'abord, le sirop de raisin, tout en permettant de réduire dans des proportions importantes les quantités de liquide, représente une forme de matière première de conservation sûre, d'encombrement restreint et surtout de transport facile, puisque, sous un petit volume, elle peut représenter des quantités quadruples ou quintuples de liquides originaux. Ensuite, propriétaires et négociants auront à leur disposition une matière première qui leur donnera la possibilité de faire des produits tels que mi-fermentés, mistelles et vins de liqueur de richesse sucrée aussi élevée que possible et que les moûts originels n'auraient pas permis d'obtenir.

La question de concentration des moûts et notamment des moûts de raisins blancs, de titre saccharimétrique déjà élevé, est très intéressante et appelée à révolutionner les méthodes actuellement en vigueur d'utilisation de la vendange.

Si on envisage la concentration comme moyen d'augmenter le degré et la qualité des petits vins, on peut avoir recours aux moyens préconisés, il y a exactement vingt ans, par M. Roos, par l'emploi d'un appareil dont il était l'inventeur et qui était constitué par un appareil générateur de vapeur destiné à produire la force motrice et le chauffage ; par une chaudière à cuire, en cuivre cylindrique et horizontale munie d'un brise mousse vertical et des divers appareils de contrôle, le chauffage s'effectuant par circulation de vapeur dans un double fond cloisonné ; par un condenseur tubulaire à grande surface travaillant soit avec de l'eau, soit avec de l'eau et de l'air quand l'eau est rare ; par une pompe à eau et à air en relation avec le condenseur et la chaudière à cuire formant un même espace clos ; enfin par un moteur actionnant la pompe à air, la pompe alimentaire du générateur, la pompe ou le ventilateur et les pulvérisateurs destinés au condenseur.

A l'aide de cet appareil et pour une dépense d'environ 1 kilogr. de charbon pour 5 litres d'eau évaporée, il est facile de traiter de petites quantités de moût et de les concentrer d'un quart ou d'un cinquième. C'est d'ailleurs suffisant quand on veut augmenter la richesse d'un moût de 2 ou 3°.

Mais on peut concevoir des appareils basés sur le même principe : utilisation de la chaleur et du vide pour obtenir des produits concentrés, tels que sirops de raisin, voire même confitures.

Quand on veut faire des vinifications spéciales, on a, en effet, intérêt à opérer à très basse température, de façon à ne pas détruire les substances odorantes qui entrent pour une large part dans la constitution du bouquet des vins, mais on n'en voit pas autant l'avantage quand on recherche la possibilité de faire des produits très concentrés. Ici, l'intéressant est d'avoir des moûts concentrés ne présentant pas de goût de cuit. Si on en croit les anciens producteurs de sirops de raisin et de moûts concentrés, tels que Privat aîné, de Mèze; Guillard, de St-Geniez; Reboul, Planche et Martin, de Pézenas ; Pontet, à Marseille ; Serullas, à Asti, il est, en effet, complètement inutile d'évaporer à basse température. Au contraire, à condition de muter les moûts à l'acide sulfureux, de façon à les préserver de la fermentation, on peut brusquer l'évaporation en la conduisant de façon à ce que le liquide soit toujours dans une continuelle ébullition. En concentrant les moûts, dans ces conditions, même à 45°, on ne leur communique pas de goût de cuit, ni de goût de caramel (1). On aide alors l'évaporation par un barbottage d'ai chaud.

Comme on le voit, il n'y a rien de nouveau sous le soleil et l'emploi de l'acide sulfureux comme moyen de mutage était déjà préconisé, il y a plus de cent ans, voire même aux doses actuellement recommandées (1 à 2 gr. par litre : 5 à 6 kilogr. de soufre par 50 à 60 hl. de moût).

Il est vrai qu'à cette époque (1809-1812), où on envisageait surtout la production des matières sucrées destinées à remplacer le sucre de canne dont la

---

(1) H.-A. Parmentier. Sirops et conserves de raisin, 1809.

France était privée par suite du Blocus Continental, et où on ignorait encore les vitamines et les lécithines, la conservation de ces dernières passaient au second plan.

Bien que renversant les idées que l'on a sur l'action que l'oxygène peut avoir sur les moûts chauffés, il n'en reste pas moins vrai que l'on peut réellement obtenir des moûts concentrés par la chaleur sans goût de cuit à condition qu'ils soient sulfités. En effet, il m'a été donné d'examiner des moûts, à Cette et à Mèze, ayant subi une concentration avancée par suite de leur désulfitage, à une température très proche de 100° et qui étaient parfaitement indemnes du goût de cuit ou de caramel.

Il sera malheureusement difficile de débarrasser entièrement le moût, même très concentré, d'une partie de l'acide sulfureux, celle qui sera combinée aux sucres ; cependant cet inconvénient ne constituera pas un vice rédhibitoire devant faire proscrire l'emploi de l'acide sulfureux, agent absolument indispensable si on veut pouvoir travailler, hors de l'époque des vendanges, des quantités importantes des matière première. En outre, l'acide sulfureux combiné ne communique aux moûts concentrés, aucune saveur désagréable susceptible de les faire rejeter par les consommateurs.

Les appareil employés au début du XIXe siècle étaient en cuivre et l'évaporation s'y faisait à feu nu. On augmentait l'action de la chaleur par l'insufflation d'air. L'inventeur d'un de ces appareils Seret, de Reims, affirme avoir évaporé ainsi en un jour environ 25 hectolitres de liquide dans des bassines qui ne contenaient que 25 kilogrammes de moût. Ces bassines étaient rondes et avaient environ 90 c/m de diamètre par le fond et 120 c/m par le haut ; leur profondeur était d'environ 15 c/m. L'insufflation d'air était obtenu par un soufflet qui envoyait l'air, à travers le moût à concentrer, à l'aide de deux siphons munis de pommelle d'arrosoir perforée de huit trous. Le chauffage était fait à feu nu.

L'expérience du passé nous apprend donc que l'ébullition du moût, en présence de l'air, peut se produire, sans inconvénient, à condition qu'il soit sulfité. On pourrait donc envisager aujourd'hui l'obtention des moûts concentrés, par ces moyens archaïques, si une question primordiale ne s'imposait immédiatement à l'esprit : l'évaporation à feu nu est très onéreuse, car elle exige une quantité énorme de combustible.

L'évaporation directe d'un hectolitre de liquide exige de 10 à 14 kilogr. de charbon de bonne qualité, selon la densité initiale de la matière mise en œuvre, ce qui ressort comme très onéreux. C'est cet inconvénient qui a fait remplacer, en sucrerie notamment, où on a des masses de liquide très grandes à évaporer, l'évaporation simple par l'évaporation dans des appareils à triple et même quadruple effet, appareils dans lesquels le vide est associé à la chaleur et où, une quantité initiale de vapeur envoyée dans la première chaudière est suffisante, par suite de la dépression progressive existant de la première chaudière à la dernière de porter l'ensemble du système à l'ébullition et de réaliser ainsi une évaporation rapide avec un minimum de combustible.

Il existe actuellement, dans le commerce, des appareils à grand travail, construits soit sur le principe de l'action combinée de la chaleur et du vide, soit sur le principe de la double action de la chaleur et de l'insufflation d'air. Les uns et les autres sont susceptibles de donner d'excellents résultats tant au point de vue du rendement que de la qualité des produits obtenus.

Technique de la concentration. -- D'une manière générale, il est délicat de concentrer du jus de raisin tel qu'on l'obtient par égouttage ou pressurage, car il renferme des débris de pulpe et de pellicule en grande quantitité, toutes impuretés qui seraient de nature à donner aux produits, des goûts désagréables. Il faut donc les en séparer, ce qu'on peut obtenir dans les pays froids, par un repos plus ou moins long permettant le dépôt des impuretés.

Dans les pays tempérés ou chauds, où on a à craindre des départs de fermentation rapide, on doit avoir recours à l'action de l'acide sulfureux. Si les moûts doivent être conservés pendant plusieurs mois, on devra appliquer les règles propres au mutage, étudiées précédemment ; si, au contraire leur mise en œuvre doit être immédiate, on pourra se contenter d'introduire dans les moûts des doses suffisantes pour assurer un débourbage. Généralement, 20 à 30 grammes d'acide sulfureux par hectolitre seront suffisants pour s'opposer pendant 24 ou 36 heures au départ de la fermentation. Dans ce dernier cas, on n'aura pas à envisager de désulfitation, l'acide sulfureux se trouvant dans le milieu, soit à l'état libre, soit à l'état combiné, disparaissant presque entièrement dans les opérations de concentration.

Pour cette opération, on aura recours aux appareils dont il a été question précédemment, appareils généralement construits en cuivre. Les essais effectués pour établir si l'acide sulfureux pouvait former avec ce métal — que son coefficient de conductibilité rend très intéressant — des sels nuisibles, soit au développement des ferments, si les produits concentrés sont destinés à une refermentation — cas des mi-fermentés —, soit à la qualité de vins spéciaux que l'on peut faire avec ces concentrés, m'ont démontré que l'attaque n'était que superficielle et que le cuivre se recouvrait rapidement d'un enduit protecteur, l'isolant de l'attaque des acides organiques et même de l'acide sulfureux.

La concentration se fera en même temps que le désulfitage dans la majorité des cas. Si on veut être assuré, contre tout départ spontané de fermentation, la concentration devra être poussée jusqu'à 36° B. au moins. On se trouve alors en présence d'un véritable sirop de raisin dont la conservation sera pour ainsi dire indéfinie..

La concentration peut cependant être encore poussée plus loin, mais on risquerait alors d'obtenir dans le sirop une cristallisation du glucose et les cristaux formés nageraient ou se sépareraient même complètement du lévulose incristallisable.

Si les moûts concentrés doivent servir à la préparation ultérieure de produits de fermentation, on peut avoir intérêt à obtenir des vins colorés. Dans ce cas, on opèrera par macération en présence d'acide sulfureux. Nous avons montré, mon collègue Dupont et moi, que l'acide sulfureux avait le pouvoir de dissoudre la matière colorante contenue dans la pellicule des raisins colorés, ce qui se traduisait par une augmentation de la couleur des produits fermentés. Il suffira de laisser en contact avec les pellicules pendant 48 heures à trois jours, le moût muté par l'acide sulfureux et d'augmenter l'action de la macération par des remontages. Au bout de ce temps, le moût bien qu'incolore ou légèrement teinté saumon renferme en dissolution la totalité de la matière colorante ; celle-ci réapparaîtra dans sa nuance et son intensité quand l'acide sulfureux aura été chassé.

Si maintenant, on se propose de faire des sirops pouvant être rapprochés des sirops de sucre, c'est-à-dire incolores et sans acidité, il faudra recourir à des opérations préliminaires de nature à détruire la couleur et l'acidité ; on atteint ce double but par un traitement au noir suivi d'une neutralisation à l'aide de carbonate de chaux.

Les moûts peuvent être décolorés avant leur concentration ; de façon à les débarrasser du noir qu'ils contiennent en suspension, il est indispensable de les soumettre à l'action d'un collage que l'on pourra faire, soit en ayant recours au sang frais, soit encore à de la gélatine blanche. Les doses employées par hectolitre varieront entre 0 l. 100 et 0 l. 150 pour le sang et entre 10 et 15grammes pour la gélatine.

Quant à la saturation des acides, elle se fera par addition de quantités de carbonate de chaux sensiblement égales à la quantité d'acide. En effet, sachant que 98 grammes d'acide sulfurique sont saturés par 100 grammes de carbonate de chaux, on peut admettre qu'on parviendra à une neutralisation complète en ajoutant au liquide autant de grammes de carbonate qu'il contient de grammes d'acide.

La saturation sera commencée à la température ambiante, de façon à permettre le dégagement facile du gaz carbonique, mais elle se poursuivra pendant tout le temps de la concentration et cela d'autant mieux que l'on aura affaire à des moûts très sulfités. Sous l'action de la chaleur, la précipitation des sels tartriques de chaux sera intégrale et on retrouvera, en fin d'opération, ou quelquefois plus tard, dans les tonneaux où les concentrés auront été entreposés, des cristaux presque purs de tartrate de chaux.

Il serait imprudent d'user dans la saturation des acides de potasse ou de chaux, car on s'exposerait à obtenir des produits concentrés très brunis, par suite de l'attaque des sucres du raisin par ces alcalis.

Les sirops ainsi obtenus sont incolores et rendus encore plus doux par la disparition de toute acidité. Ils pourront être alors employés comme succédanés au miel dans la fabrication des pains d'épices ou de certaines liqueurs exigeant actuellement l'emploi de sirop de sucre et enfin dans la préparation des confitures de fruits.

La question de concentration des moûts et de la préparation des sirops de raisin est donc très intéressante, mais elle ne pourra être entreprise qu'à la propriété ou dans une coopérative, car le commerce ne pourra concentrer des moûts sans avoir maille à partir avec le service des contributions indirectes.

En outre, la législation relative à ces produits est entièrement à revoir. En effet les moûts concentrés au delà de 20°9 ne peuvent plus voyager comme moût de raisin et sont assimilés à des sirops de glucose quant à leur circulation et à leur emploi. Et, fait qui peut paraître paradoxal, les moûts concentrés à 36° B. ou réduits en sirops, ne peuvent être employés à la chaptalisation des vendanges, alors que le sucre de betterave ou de canne est autorisé.

Il semble que l'on aurait intérêt à avoir recours, dans le sucrage des vendanges, à ces sirops de raisin qui contiennent une quantité appréciable des mêmes sels acides et les mêmes sucres, c'est-à-dire naturellement fermentescibles, au lieu et place du saccharose qui ne devient assimilable par les levures qu'après avoir été ramené, par celles-ci, à l'état de glucose et de levulose par la sucrase, diastase hydrolysante.

Les moûts concentrés ou les sirops de raisin trouveraient alors leur utilisation dans les régions septentrionales où on est obligé, presque chaque année, de recourir à la chaptalisation. Ils pourraient également être employés dans la préparation des vins mousseux, soit comme liqueur de tirage, soit comme liqueur de dosage.

C'est dire qu'on trouverait, dans ces emplois à la vinification, un débouché important que viendrait encore augmenter la possibilité de faire des vins mi-fermentés actuellement très recherchés.

Je ne saurais terminer cette étude sur la concentration des moûts sans dire un mot de la *concentration par le froid*. Le procédé de concentration par le froid qui pourrait être intéressant dans les régions septentrionales où on pourrait user du froid naturel pour obtenir une concentration, exige partout ailleurs des installations frigorigènes très importantes et très onéreuses.

Le moût soumis à l'action d'un froid très vif, de plusieurs degrés au-dessous de zéro, laisse séparer des glaçons presque uniquement constitués par de l'eau, mais contenant en outre une assez grande quantité de sucre, ce qui constitue une perte que la concentration par la chaleur évite sûrement.

Comme les produits de concentration par la chaleur, les moûts concentrés par le froid rentrent dans la catégorie des produits saccharriés incristallisables et sont compris sous la dénomination de « glucose » (loi du 19 juillet 1880, art. 23). L'assimilation au glucose les rend également impropres à la chaptalisation, l'emploi du glucose étant interdit en vinification (loi du 31 mars 1903, art. 32).

IV. Vins mi-fermentés

Le goût du consommateur s'est plus particulièrement porté sur les vins et notamment sur les vins blancs possédant un certain moelleux ou mieux une certaine douceur. Cette préférence marquée pour les vins liquoreux a incité le commerce à donner, aux vins secs qu'il possédait, la douceur voulue par introduction, dans ceux-ci, d'une petite quantité de sucre, d'abord sous forme de moût mûté, puis, plus tard, sous forme de mi-fermentés, c'est-à-dire de liquides contenant au moins 5° d'alcool. Le mélange de vins secs avec des moûts enlevant à l'ensemble la qualité de vin naturel, on a admis que les mi fermentés, contenant 5° d'alcool, étaient des vins et qu'à ce titre le mélange de deux vins était licite. Le vin ainsi obtenu reçoit le nom de vin doucereux.

La question qui se pose tout d'abord, c'est, s'il est possible, de reconnaître avec certitude si le produit édulcoré l'a été avec du moût mûté ou avec un mi-fermenté. On peut répondre par l'affirmative, car les caractères chimiques et surtout optiques de ces deux produits diffèrent complètement.

Les travaux de Mach, de Bouffard, de Gayon ont montré en effet que le moût de raisins arrivés à maturité renfermait en proportions sensiblement égales du glucose et du levulose ; d'autre part, Dubrunfant, Bourquelot et Kjeldahl ont démontré l'électivité des levures pour certains sucres et fait voir notamment que dans la fermentation alcoolique d'un mélange de glucose et de levulose, le glucose disparaissait le premier, consommé en plus grande quantité que le second. Par conséquent, on peut admettre que dans un moût n'ayant subi aucune fermentation, le rapport du glucose au levulose sera égal ou sensiblement égal à l'unité, tandis que dans un liquide fermenté le même rapport sera toujours inférieur à l'unité.

Les recherches de Blarez et Chelle ont mis en lumière que le rapport $\frac{P}{\alpha}$, c'est-à-dire du poids total des sucres contenus dans le liquide, à la déviation polarimétrique du même liquide, variait entre 5 et 6 dans les moûts non fermentés et était toujours inférieur à 5 quand il y avait fermentation.

Il ne sera donc guère possible d'édulcorer un vin blanc sec avec des moûts mûtés en comptant que le produit ainsi obtenu ne sera pas reconnaissable.

Mais alors une seconde question se pose. Comment va-t-on faire pour obtenir des mi-fermentés contenant les 5° d'alcool réglementaires et le maximum de sucre, car dans ces produits ce qui offre le plus d'intérêt c'est la quantité de sucre qu'ils renferment et qui permettra d'en utiliser le moins possible pour donner le degré de liqueur désirable aux vins blancs secs.

Tout d'abord, et comme pour les mistelles, on devra faire appel à une matière première très riche en sucre, d'abord parce qu'il sera plus facile d'en conduire la fermentation, ensuite parce que le reliquat de sucre sera d'autant plus grand que la richesse initiale sera également plus grande.

La préparation de ces mi-fermentés est sinon difficile, mais tout au moins délicate, car il faut que la fermentation soit suffisamment prolongée pour donner 5° d'alcool. Par ailleurs, il ne faut pas qu'elle le soit trop, car on risquerait, sans utilité aucune, d'obtenir, au détriment du sucre, de l'alcool.

L'idéal sera donc d'obtenir un produit dont le titre sera aussi rapproché que possible de 5°. Mais, pour cela, on est obligé de tâtonner et de faire de nombreux dosages dans des conditions très difficiles. Nous allons voir comment on peut arriver à des résultats suffisamment approchés, en s'en rapportant purement et simplement à la densité du liquide.

L'essentiel est d'empêcher les moûts de fermenter avant qu'on puisse les observer, car il est à remarquer que la transformation du sucre en alcool est excessivement rapide, tout au moins au début de la fermentation. Il faudra donc opérer sur des moûts dans lesquels la fermentation aura été rendue pénible par la présence d'acide sulfureux.

On travaillera la vendange de la même manière que si l'on voulait faire des vins blancs, c'est-à-dire qu'on essaiera d'obtenir le maximum de rendement en jus, soit à l'aide des chambres d'égouttage, soit par les pressoirs et, pour cela, on fera appel à l'acide sulfureux à des doses variant entre 20 et 30 grammes par hectolitre, que l'on répartira sur les chambres d'égouttage et sur les pressoirs. De cette façon, on sera toujours assuré d'obtenir des moûts sinon mûtés, mais dans lesquels la fermentation sera très ralentie, ce qui permettra de déterminer d'une façon aussi exacte que possible la densité.

Il importera d'aller très vite, car il n'est pas douteux qu'à cette époque des vendanges, alors que les vins rouges ont déjà été faits, l'atmosphère des celliers renferme des germes en quantité telle que l'on ne peut conserver l'espoir de garder muets pendant bien longtemps des moûts insuffisamment traités par l'acide sulfureux. En outre, la vendange elle-même étant très mûre, quelquefois même pourrie ou ayant subi les atteintes des insectes ampélophages, n'est pas sans contenir certaines grappes en pleine fermentation, et il ne serait plus possible, si on tardait trop, d'opérer dans de bonnes conditions le contrôle de la transformation du sucre en alcool.

Le densimètre peut-il donner des indications précises sur la marche du phénomène ? Autrement dit, un moût pesant par exemple 13° B. aura-t-il 5° d'alcool quand l'instrument ne donnera plus que 8° de liqueur ? En réalité non, car à ce moment la densité du liquide sera influencée par la densité de l'alcool formé, et comme celui-ci pèse environ 800 grammes au litre, le degré apparent ne correspondra plus au degré réel et sera, dans l'occurence, trop fort, ce qui revient à dire que si le densimètre donne 8° il n'y a pas 5° d'alcool dans le milieu. L'aréomètre donne simplement une indication qu'il faudra contrôler par un dosage d'alcool à l'aide du petit alambic de Salleron.

Pour opérer dans de bonnes conditions et avec certitude, il faudra que les prises d'essai soient effectuées avec soin, après un brassage de la masse, de façon à bien l'homogénéiser, puis on traitera le liquide ainsi prélevé sur le récipient en fermentation par de l'acide sulfureux à des doses variant entre 750 mgrs à 1 gramme par litre pour être assuré d'arrêter complètement la fermentation. Aussitôt après, l'éprouvette contenant le liquide sera mise dans de l'eau fraîche pour hâter la précipitation des matières en suspension et pour arrêter le dégagement du gaz carbonique.

Il faudra, également, au moment où on plongera le densimètre dans le moût en partie fermenté, ne pas agiter le liquide, car cela se traduirait immédiatement par un dégagement de petites bulles qui ceintureraient l'appareil et tendraient à le soulever.

Il en sera de même au moment où on voudra distiller le liquide. On aura soin d'agiter de façon à chasser la plus grande partie du gaz et on chauffera progressivement après avoir eu la précaution d'ajouter au liquide un petit morceau de savon qui aura pour but de briser la mousse.

Ces diverses opérations sont longues et délicates. En outre, pendant le temps nécessaire au contrôle, la fermentation se poursuit dans la masse et pour peu que celle-ci soit active, les résultats trouvés aux dosages ne correspondent plus à la réalité.

Aussi me suis-je demandé s'il n'existerait pas un moyen plus rapide permettant de déterminer immédiatement le moment où le pourcentage d'alcool est obtenu, autrement dit le moment où le degré alcoolique du liquide est voisin de 5°.

J'ai fait, au cours des dernières vendanges, un certain nombre de dosages en grande pratique et j'ai pu me rendre compte qu'il existait entre la densité du liquide avant fermentation et celle que l'on trouvait dans le milieu quand celui-ci renfermait 5 o/o d'alcool un rapport à peu près constant.

Des dosages d'alcool faits à des moments très rapprochés les uns des autres m'ont permis de déterminer d'une façon à peu près exacte la densité correspondante du milieu pour la richesse de 5°. Comme les expériences ont été effectuées sur des moûts de richesse saccharine comprise entre 154 et 250 grammes par litre, c'est-à-dire pour des densités variant entre 1069 et 1105, j'ai pu arriver à établir un graphique dans lequel les densités initiales étaient portées en absisse et les densités finales en ordonnées. Des résultats obtenus, il ressort que la formule pouvant être appliquée dans les limites fixées est la suivante :

$$\frac{\text{Densité finale}}{\text{Densité initiale}} = \text{constante}$$

La constante déterminée varie entre 0,958 et 0,96 par des degrés alcooliques compris entre 4°8 et 5°2.

Par conséquent, on peut admettre qu'un moût dont la densité initiale est de 1080 sera mi-fermenté et renfermera 5° d'alcool quand sa densité prise dans les conditions que j'ai indiquées précédemment sera égale à 1036 environ.

$$x = 1080 \times 0{,}96$$

On voit combien le contrôle est rendu plus facile, puisqu'au lieu d'opérations longues et délicates, il suffit uniquement de prendre de temps à autre une densité et de la rapprocher de la densité finale que le calcul permet à l'avance de déterminer.

Quand on est sûr que la masse renferme 5 o/o d'alcool, il est urgent d'arrêter la fermentation, ce que l'on ne peut faire qu'en ayant recours à des doses massives d'acide sulfureux. Nous savons, en effet, que dans une fermentation en pleine activité, l'apport de faibles doses d'antiseptique n'aurait aucune action sur les levures, car il serait entraîné mécaniquement par le gaz carbonique et ne permettrait même pas d'obtenir un arrêt même temporaire de la fermentation. Les doses auxquelles on est obligé de faire appel sont voisines de 1 gramme par litre. Dans ces conditions, les quantités d'acide sulfureux libres qui restent dans le milieu sont suffisantes pour le rendre absolument stérile.

Mais, dira-t-on, si les mi-fermentés sont considérés comme des vins, ils ne devront pas contenir des doses d'acide sulfureux supérieures à 450 milligr. par litre avec une tolérance de 1/10, soit 495 milligr. par litre. Par conséquent, comme les mi-fermentés en contiennent plus, ils ne pourront pas circuler, sans s'exposer à tomber sous le coup de la loi du 1er août 1905. C'est ce que la Cour de Cassation a décidé dans un arrêt du mois de février 1920 et cependant, ces mi-fermentés constituent des matières premières spéciales qui ne *seront jamais livrées* telles quelles à la consommation directe. Des règlements et des circulaires émanant de la Direction du Service de la Répression des fraudes admettent que ces mi-fermentés, destinés à édulcorer des vins secs, et contenant au minimum 5° d'alcool et 60 grammes de sucres réducteurs par litre peuvent circuler et être impunément détenus dans les chais de la propriété ou du commerce tout en renfermant plus de 495 milligr. d'acide sulfureux par litre.

Il n'est pas douteux que l'arrêt de la Cour de Cassation ne fera pas jurisprudence en l'espèce, car ce serait interdire, à tout jamais, la préparation de ces produits et priver ainsi la viticulture et la consommation, l'une d'un débouché assez sérieux pour ses produits, l'autre de satisfaire à un goût spécial susceptible de faire aimer encore plus le bon vin. Il y a donc tout lieu de croire que des mesures législatives viendront protéger ces vins de nature spéciale contre toute interprétation erronée des textes de la loi de 1905.

La préparation de ces vins avec des moûts concentrés peut également être envisagée comme susceptible de donner des résultats parfaits. En effet, il faut considérer que ces produits servant à l'édulcoration, ne sont vraiment intéressants que par le sucre qu'ils renferment. Dans ces conditions, le commerce trouverait à la propriété des vins très riches en sucre et aurait ainsi sous un faible volume, la matière première nécessaire à l'édulcoration d'une grande quantité de vins secs, si on songe surtout, que les vins moelleux ainsi préparés renferment rarement plus de 20 grammes par litre de sucre réducteur.

Pour terminer avec l'utilisation des vendanges, il reste encore à examiner la fabrication des vins doux naturels et des vins cuits.

V. Vins doux naturels

Les vins doux naturels sont ceux qui, *après fermentation*, ont une richesse alcoolique élevée, tout en conservant une quantité de sucre leur donnant une saveur sucrée très marquée.

A l'origine, les vins doux naturels étaient obtenus par la fermentation de moûts naturellement très riches en sucre, c'est-à-dire ayant atteint l'époque de surmaturation. Les raisins conservés pendant très longtemps sur le pied de vigne se passerillaient, ce qui amenait, en même temps qu'une concentration du sucre, une diminution de l'acidité, celle-ci étant détruite en majeure partie sous l'action de phénomènes d'oxydation dûs à certains rayons de la lumière solaire. Dans certaines régions, on provoquait la surmaturation et le passerillage par une torsion du pédoncule de la grappe. Quel que soit le moyen adopté pour obtenir un enrichissement du moût en sucre, les vendanges des raisins destinés à faire des vins doux naturels étaient très tardives et correspondaient souvent avec les premières gelées automnales.

Mais la préparation de ces vins naturellement doux restait le monopole des régions chaudes et ensoleillées, ou encore des régions où l'exposition des vignobles plaçait les raisins dans d'excellentes conditions pour atteindre la surmaturation sans être gênés par des gelées trop précocés (vignoble de Tokay, par exemple).

Les muscats du Languedoc ont eu, il y a un peu plus d'un siècle, une grande réputation. Ils se fabriquaient uniquement avec des raisins arrivés à l'extrême limite de la maturation. Aussi avaient-ils sur les produits de fabrication moderne l'avantage d'être plus liquoreux et surtout moins acides.

Cela tient à ce que, actuellement, les vins doux naturels sont obtenus par la mise en œuvre de raisins simplement mûrs et possédant en puissance 14° d'alcool, c'est-à-dire le sucre nécessaire pour donner 14° d'alcool. Les lois du 13 avril 1898, art. 22, et du 30 janvier 1907, art. 10, admettaient que tout producteur possédant des cépages susceptibles de faire des vins assez riches pour titrer naturellement 14° au minimum si l'on n'arrêtait pas la fermentation avant son complet achèvement, pouvaient être admis au bénéfice de la fabrication des vins doux naturels.

Ainsi, tout producteur de Clairette, par exemple, ou de tout autre cépage donnant dans des conditions d'exposition ou de terrain des moûts de richesse saccharimétrique égale ou supérieure à 14° B., avait le droit de transformer ces moûts en vins doux naturels.

Mais une loi de finances du 15 juillet 1914 a restreint expressément l'application du régime des vins doux naturels aux vins provenant des seuls cépages suivants : *muscat*, *grenache*, *macchabeo* et *malvoisie*.

Les vins doux obtenus par la mise en œuvre des autres cépages, sont alors considérés comme des *vins de liqueurs* et soumis au régime de l'alcool.

Cette loi des finances crée donc au bénéfice de quelques-uns un privilège qui lèse l'ensemble des viticulteurs ayant planté des cépages blancs dans des terrains maigres dans l'espoir de transformer leurs raisins en produits de vente plus facile et surtout plus rémunératrice.

Quant à dire que seuls ces quatre cépages sont susceptibles de donner des vins doux naturels de bonne qualité et justifier ainsi le monopole dont ils jouissent, cela est impossible, car il est loisible de trouver dans les régions de Clairette des vins doux préparés avec ce cépage qui ne le cèdent en rien aux vins de grenache, par exemple.

Il y aurait donc lieu, à mon avis, de demander à une nouvelle loi le rétablissement des prérogatives données aux producteurs par les lois de 1898 et de 1907. On donnerait ainsi aux propriétaires qui n'ont pas voulu sacrifier, à la quantité, la qualité de leurs vins, de faire des produits les rémunérant de leurs soins et de leurs peines.

Mais cela est-il possible ? Ne lèsera-t-on pas par ailleurs certains intérêts particuliers respectables ? Même dans l'affirmative, il apparaît qu'une revision de la loi de finance du 15 juillet 1914 s'impose et que le bénéfice de la préparation des vins doux naturels doit être acquis à tous les producteurs qui peuvent mettre en œuvre des moûts contenant en puissance un minimum de 14° d'alcool.

Au regard de la loi de 1898, les vins doux naturels étaient des vins préparés avec des moûts de richesse sucrée égale à 14° au minimum dans lesquels on arrêtait la fermentation par addition d'alcool, de façon à conserver, dans le vin fait, une certaine quantité de sucre.

La quantité d'alcool qui doit être introduite avant achèvement de la fermentation doit représenter 6 o/o du volume total du vin. Cependant, des exceptions peuvent être envisagées pour des moûts possédant une richesse saccharine supérieure à 14°, restant entendu que la proportion d'alcool ajoutée doit être suffisante pour donner aux produits obtenus une richesse alcoolique — acquise ou en puissance — de 20° B. au minimum.

Les viticulteurs qui obtiennent des vins doux naturels par les méthodes anciennes, c'est-à-dire sans addition d'alcool, sont tenus à en faire la déclaration au service des contributions indirectes au moment même de la vendange. Ils devront également faire constater que la richesse en puissance de leur moût est susceptible de produire des vins de 16 à 18° d'alcool. Faute de faire ces formalités, les vins obtenus n'auraient pas droit à la franchise des droits sur l'alcool naturel et paieraient les droits de circulation sur celui-ci au-dessus de 16°. En outre, même dans ce cas, ils doivent, pour profiter de l'immunité du droit sur l'alcool de surface, être reconnus et marqués au départ par le service (loi du 2 août 1872).

Comme on le voit, la législation applicable aux vins doux naturels est assez compliquée, mais elle gagnerait en simplification si on la ramenait à ce qu'elle était à la suite de la loi de 1898. Cela faciliterait la tâche des employés des contributions indirectes, qui n'auraient plus qu'à contrôler la richesse saccharimétrique des moûts mis en œuvre, sans avoir à faire des enquêtes pour savoir s'ils proviennent uniquement des cépages privilégiés ou s'il y a en mélange une proportion supérieure à 25 o/o de Clairette ou de Carignan, par exemple.

La préparation des vins naturellement doux ne présente pas de difficultés. Il suffit d'obtenir des raisins passerillés le maximum de rendement en moût, puis de laisser la fermentation s'établir normalement ; aux proportions de 36 à 40 o/o, le sucre ne constitue pas un antiseptique pour la levure et elle peut se développer et évoluer dans le milieu. La fermentation sera longue et la décomposition du sucre ne se fera pas toujours conformément au bilan établi par Pasteur. La glycérine nettement s'y rencontrera en proportion plus élevée que dans une fermentation ordinaire.

Cependant la fermentation pourra être rendue plus active par addition au milieu du phosphate d'ammoniaque. On sait, en effet, que les moûts de raisins arrivés à surmaturation sont presque absolument dénués d'ammoniaque, aliment essentiel pour le développement de la levure. Par conséquent, en donnant à la levure l'aliment qu'elle ne trouve pas naturellement dans le milieu, on peut hâter la fin de la fermentation, qui ne sera cependant jamais très courte, car au fur et à mesure qu'elle se poursuivra, elle donnera de l'alcool dont l'action antiseptique est certaine, et ce sera cette action qui mettra fin à la fermentation.

Quand on prépare les vins doux par addition d'alcool, on cherche tout d'abord à obtenir le maximum de rendement en jus, puis on laisse la fermentation se déclarer spontanément. Quand elle est en pleine activité, c'est-à-dire quand on est assuré qu'il y a dans le milieu un grand nombre de levures jeunes, on ajoute de l'alcool en quantité insuffisante pour arrêter la fermentation. Généralement cette dose d'alcool est comprise entre 6 et 8 o/o.

La fermentation est à peine ralentie et continue jusqu'à ce qu'il y ait environ 13° d'alcool dans le milieu. A ce moment, l'activité des ferments est atténuée et la décomposition du sucre se poursuit lentement jusqu'aux premiers froids, dont l'action, s'ajoutant à celle de l'alcool, l'arrête à peu près complètement. Mais on la verra repartir dès le printemps suivant, et, dans la majorité des cas, cette fermentation, pour être complète, demandera au moins deux ans. Il ne sera pas rare de rencontrer alors, dans le milieu, de 16 à 17° d'alcool.

La durée de la fermentation peut paraître exagérée à ceux qui n'ont pas étudié la question de très près, mais elle est cependant nécessaire pour permettre aux phénomènes d'éthérification de se produire. En outre, les caractères organoleptiques sont également accentués par une fermentation de longue durée. Les vins obtenus sont plus moelleux. Cela paraît tenir à la proportion plus grande de glycérine produite dans le milieu fermentescible sous l'action d'une inanition de la levure.

Ayant eu la bonne fortune de sélectionner parmi les nombreuses levures qui procèdent à la fermentation des vins doux, une levure très alcooligène, j'ai été amené à faire un certain nombre d'essais qui m'ont permis de tirer quelques conclusions intéressantes.

Un même moût, de richesse saccharine égale à 14°9, a été divisé en deux parties, dont l'une a été ensemensée à l'aide de la levure alcooligène et dont l'autre a été abandonnée à la fermentation spontanée. Au bout de 48 heures de fermentation une même quantité de sucre étant détruite dans l'un ou l'autre essai (environ 80 grammes), j'ai ajouté de l'alcool d'industrie à 95° dans la proportion de 6.3 o/o, ce qui portait la richesse du milieu — acquise ou d'addition — à environ 20°9. Des prélèvements d'échantillons et des analyses ont été effectués pendant toute la durée de la fermentation et après son complet achèvement. Voir page 34 les résultats trouvés :

De l'examen de ces chiffres, on peut déduire tout d'abord qu'il existe des levures alcooligènes capables de fermenter rapidement un milieu riche en sucre et supportant très bien de hautes doses d'alcool. Mais par ailleurs, on n'a aucun intérêt à voir la fermentation se terminer rapidement puisqu'on peut dire, avec certitude, que ce sera toujours au détriment de la qualité. En effet, les quantités plus grandes de glycérine et d'acidité volatile que l'on observe, dans le cas de fermentation lentes, ont des facteurs importants de la qualité, l'une en donnant au milieu plus de corps et une douceur plus moelleuse, les autres en donnant des éthers, agents principaux du bouquet.

TABLEAU III

	MOUT	LEVURE ALCOOLIGÈNE				FERMENTATION SPONTANÉE				
Sucre à l'origine..	255 gr.									
Date de l'ensemencement...	12 oct. 1919									
Date du prélèvement		14 déc 1919	12 mai 1920	15 oct. 1920	16 avr 1921	14 déc 1919	12 mai 1920	15 oct. 1921	16 avr. 1921	15 juin 1921
Alcool total......		14.7	16.6	16 9	17.1	12.8	14.3	15 9	16 9	17
Alcool de fermentation.........		8.7	0.6	10.9	11.1	6.8	8 3	9.9	10.9	11
Sucres réducteurs		105.4	68 2	66.5	61.3	135	110.9	84	63.1	60.2
Glycérine........		5.3	6.5	6.6	7.2	4.5	5.8	7.1	8.2	8.5
Acides volatils....		0.26	0.30	0.32	0.39	0.24	0.31	0.38	0.42	0.43

Ici encore, et plus peut-être que pour les mistelles, la qualité de l'alcool employé a une importance considérable. Des expériences, faites à l'Ecole d'agriculture sur la préparation des vins doux naturels, m'ont montré, en effet, que les produits préparés avec de l'excellent alcool de vin étaient plus fins et plus bouquetés que ceux obtenus avec de l'alcool d'industrie.

L'utilisation d'alcool de vin dans la préparation des vins doux naturels ne présentera pas les mêmes inconvénients que dans la fabrication des mistelles. En effet, ainsi que nous l'avons vu, la fermentation dans les premiers étant toujours très longue, les goûts susceptibles d'être apportés par les alcools de vin, auront le temps de disparaître ou de s'harmoniser avec le bouquet dû à la réaction des produits de la fermentation entre eux.

La préparation des vins doux naturels est relativement simple, mais, comme pour les mistelles, il faut attacher la plus grande importance à la manière dont se fera l'homogénéisation de l'alcool d'addition. Si cet alcool n'était pas entièrement incorporé au moût, on aurait à craindre des pertes importantes, car, surnageant, il pourrait être entraîné mécaniquement par le gaz carbonique de fermentation. D'autre part, le fondu que l'on doit rechercher n'existerait pas et on retrouverait à fin de fermentation, l'alcool ajouté avec ses caractères propres. Enfin, il y aurait encore à craindre que la levure, n'étant pas gênée par cet alcool, poursuive la fermentation du sucre jusqu'à en épuiser complètement le milieu. On doit même, dans certains cas, attribuer au manque d'homogénéité du milieu dès le début de la fermentation les hauts titres alcooliques que l'on rencontre dans certains vins doux et que d'aucuns rapportent à la faculté alcooligène des levures mises en œuvre.

En résumé, la préparation des vins doux naturels, si on en revenait purement et simplement aux dispositions de la loi du 13 avril 1898, permettrait aux producteurs de raisins blancs ou rouges à titre saccharimétrique supérieur à 14° B., de tirer un meilleur parti de leur matière première qui, transformée en vins ordinaires, ne paie pas toujours les frais engagés pour la faire venir à maturité.

VI. Vins cuits

Je ne veux pas terminer cette étude des différents moyens d'utiliser les moûts de vendange, sans dire un mot des *vins cuits*.

La préparation de ces vins a été très prospère dans le Midi de la France avant l'invasion phylloxérique, et il m'a encore été donné de visiter, il y a une vingtaine d'années, une installation où on avait fait jusqu'à 3.000 hectolitre de ces vins.

Le vin cuit est le produit de la fermentation des moûts, généralement des raisins blancs, concentrés par cuisson à feu nu jusqu'à la moitié ou au tiers de leur volume primitif selon le degré initial de liqueur. Les moûts ainsi concentrés étaient désacidifiés avant ou après concentration pour leur enlever une partie importante de leur acidité fixe.

En effet, le moût en s'évaporant concentre non seulement son sucre, mais encore son acidité. Il est vrai que celle-ci diminue du fait du refroidissement, par suite de la précipitation d'une grande partie de la crème de tartre rendue insoluble par la concentration.

La désacidification de ces moûts se faisait généralement avec du carbonate de chaux. Les producteurs de vins cuits s'étaient en effet aperçus que cette substance ne donnait aucun mauvais goût alors que la potasse ou le carbonate de potasse imprimait aux produits des goûts prononcés de lessif.

La quantité de carbonate de calcium ajouté au moût était déterminée pratiquement de la façon suivante: Selon la richesse en sucre, on commençait à chercher le degré de concentration à obtenir pour avoir 21° B. par exemple. Admettons que la matière première mise en œuvre renferme 14° B. Pour la ramener à 21°, il faudra lui enlever le 1/3 de son volume d'eau. Quand la désacidification était faite avant concentration, on distrayait 1/3 du volume du moût à désacidifier et on ajoutait dans ce liquide du carbonate de chaux jusqu'à cessation d'effervescence. On le mélangeait ensuite au reste du liquide et on l'envoyait à la concentration. Quand, par contre, la désacidification se faisait après concentration, elle devait être précédée d'un dosage de l'acidité faute de quoi livré à l'arbitraire le producteur ajoutait du carbonate de calcium un peu au hasard et obtenait une grande irrégularité dans la qualité et la composition de ses produits.

Que la désacidification soit faite avant ou après désacidification, le dépôt n'était pas séparé et on laissait la fermentation se déclarer spontanément dans le milieu après refroidissement, ou on le provoquait en ajoutant au moût des lies de vins blancs.

La concentration se faisait à feu nu dans des chaudières en cuivre. Le feu devait être conduit avec prudence de façon à ne pas brûler le moût, mais quelles que soient les précautions prises, on obtenait toujours des produits légèrement caramélisés et un peu amers.

La fermentation est, comme dans les vins doux naturels, excessivement longue. Elle dure quelquefois 2 et 3 ans, mais les produits obtenus, quand ils sont faits avec soin, sont excellents et ne le cèdent en rien aux vins de liqueur d'importation.

Les vins cuits sont généralement de titre alcoolique plus ou moins élevé - 15 à 17°. Ils renferment du sucre en proportions variables avec le producteur, celui-ci faisant varier la concentration. Leur teneur en glycérine est également élevée, mais, par dessus tout, ils sont très riches en matières pectiques et mucilagineuses.

Le reliquat de matières sucrées, ajouté à la glycerine et à ces matières pectiques donne aux vins cuits une onctuosité que l'on ne rencontre dans aucun vin doux naturel. En outre, la légère caramélisation que les moûts ont subi, leur imprime un cachet spécial qui les ferait rechercher par de nombreux consommateurs et les leur ferait préférer, sans aucun doute, aux vins d'importation actuellement servis comme appéritif.

Ici, encore, le régime fiscal paraît ne pas correspondre à la qualité de la marchandise. Autrefois, les vins cuits étaient soumis au régime des vins avec surtaxe, si la force alcoolique dépassait 15° (Décret de 1852). Aujourd'hui, il semble qu'on les considère plutôt comme des vins de liqueur, c'est-à-dire qu'ils sont soumis au régime fiscal de l'alcool (loi du 13 avril 1898, art. 21 (1).

Cette assimilation à des vins de liqueur, dans lesquels la plus grande partie de l'alcool qu'ils contiennent provient d'une addition, d'un vin absolument naturel et dans lequel l'eau a été enlevée par évaporation artificielle, apparaît comme injustifiée. Cela montre combien il pourrait être dangereux de faire circuler des vins très riches en alcool et encore doux provenant de vendanges amenés à surmaturation.

Quoiqu'il en soit, il semble évident que la fabrication des vins cuits soit intéressante et permette de décharger le marché des vins ordinaires, d'une partie relativement importante de matières premières.

VII. **Alcools et Eaux-de-vies**

Maintenant qu'il apparaît comme à peu près certain que l'alcool provenant de la distillation des jus fermentés de betterave, de pomme de terre et de grains sera écarté de la consommation de bouche, celle-ci étant réservée aux alcools de fruits, il semble que l'on peut compter, dans l'avenir, sur une distillation plus grande de vins ou de marcs, ce qui aura pour avantage immédiat de débarrasser le marché de tous les vins médiocres et d'assurer l'utilisation intégrale des sous-produits de la vendange.

Mais, du moment qu'on va créer au bénéfice des alcools de vin et de marc un privilège non douteux, le but auquel devra tendre le producteur de ces alcools sera de rétablir la vieille réputation des alcools et eaux-de-vie de vin et de marc du Languedoc. Et cela sera très possible, si on ne distille que des vins ou des marcs parfaitement sains.

Mais, dira-t-on alors, que fera-t-on des mauvais vins ? Il semble, en effet, à première vue, que la chaudière devant surtout détruire les mauvais vins, la distillation manquerait son but, si elle abandonnait ces vins pour n'utiliser que des vins sains.

Il ne s'agit pas de ne pas distiller les mauvais vins, mais ceux-ci ne pouvant donner que de mauvais alcools, ces derniers doivent également être exclus

(1) Hourcade. — *Manuel des Contributions indirectes et des Octroi*, p. 29.

de la consommation de bouche et servir à d'autres usages. Pourquoi n'autoriserait-on pas le vinage à la cuve comme on autorise le sucrage ? C'est une question qui a été maintes fois remise en question, mais il semble que jamais le moment n'a paru aussi favorable pour faire adopter cette pratique qui aurait le double avantage de débarrasser le marché, des alcools inférieurs et de permettre la fabrication de vins d'exportation de richesse alcoolique variable à la demande du destinataire. On obtiendrait ainsi des vins absolument parfaits et ne présentant pas les défauts qu'offrent toujours les vins alcoolisés après coup.

Il est vrai qu'on peut objecter à cette manière de voir, le danger que présenterait le libre emploi d'alcool de vin ou de marc en vinification, mais il existe un moyen d'empêcher la fraude, c'est de dénaturer l'alcool destiné aux vinages avec du vin dans la proportion de 50 o/o par exemple. Cette dénaturation serait faite, soit par les agents, soit sous le contrôle des agents de la Régie.

Les propriétaires trouveraient dans l'opération du vinage un réel bénéfice puisque cette pratique leur donnerait la possibilité, d'abord de se livrer à une opération intéressante de fabrication de vin d'exportation, et ensuite, sans aller aussi loin, ils pourraient sûrement améliorer leurs produits, les années où, par suite d'intempéries, ils seraient amenés à mettre en œuvre des vendanges peu mûres ou altérées.

L'effet produit sur la constitution des vins par un vinage raisonné ressort nettement dans le sens d'une amélioration. J'ai eu l'occasion, au cours de ces vingt dernières années, de faire tant à la propriété qu'au laboratoire de nombreuses expériences destinées à fixer ce point, et les résultats obtenus ressortent comme très favorables bien que le cépage sur lequel elles ont porté, l'aramon, ne représentait pas un milieu des plus propices. Malgré ce, les chiffres suivants montrent les améliorations apportées à la constitution du vin par un vinage combiné à un sulfitage. Ils font ressortir une augmentation du poids de l'extrait sec et des cendres relativement importante et on peut admettre que cette amélioration aurait été encore plus évidente si on avait opéré non sur l'aramon, mais sur des cépages à bois dur, notamment le carignan.

TABLEAU IV. — **Aramon de plaine**

	Témoin	Viné à 2°	Viné à 2° et sulfité
Alcool en volume o/o	7°8	9°6	9°7
Acidité totale en H^2SO^4 ‰	5.30	4.90	5.85
Acidité volatile id.	0.53	0.32	0.35
Acidité fixe id.	4.77	4.58	5.50
Extrait sec à 100°	16.32	17 40	18.70
Cendres totales	1.96	2.115	2.65
Alcalinité des cendres en crème de tartre	4.586	4.213	4.98
Crème de tartre	4.330	4 080	4.21
Sulfate de potasse	0.31	0.32	0.48
Rapport $\frac{\text{alcool}}{\text{extrait}}$	3.8	4 41	4.15

Comme au cours de la fermentation, l'alcool ajouté, quelle que soit sa qualité, perd ses caractères organoleptiques, on pourrait employer à cet usage tous les alcools ne présentant pas, au point de vue de la consommation de bouche, toutes les qualités requises.

Si on suivait cette politique économique et que le législateur entre dans ces vues, il n'est pas douteux que la viticulture s'en trouverait très bien, puisque d'un côté elle pourrait se servir de ses produits inférieurs pour donner de la qualité aux autres et qu'en second lieu, le fabricant d'alcool de bouche, ne mettant à la vente que des produits parfaits, en tirerait un profit évident lui permettant de payer très chers les beaux vins dont il aurait besoin.

Arrivé à la fin de cette étude, relativement longue, des moyens à employer pour améliorer la situation économique de la viticulture, je me demande si beaucoup de producteurs ne préfèreront pas, aux moyens envisagés, la politique optimiste du passé. Je souhaite, pour ma part, que quelques-uns seulement, sortant des errements anciens, cherchent à tirer parti au maximum de cette matière première abondante en essayant d'en faire autre chose que du vin ordinaire, et montrent ainsi aux autres que la voie du moindre effort n'est pas toujours la meilleure à suivre.

Montp. — Impr. Roumégous et Déhan.

www.ingramcontent.com/pod-product-compliance
Lightning Source LLC
LaVergne TN
LVHW012018160826
845678LV00002B/899

* 9 7 8 2 3 2 9 6 5 8 7 0 4 *